影响孩子一生的世界名著

KUNCHONG JI

昆 虫 记

[法]让·亨利·卡西米尔·法布尔 / 著

刘磊 / 主编

黑龙江美术出版社

图书在版编目（CIP）数据

昆虫记 / 刘磊主编. -- 哈尔滨 : 黑龙江美术出版社, 2016.3

（影响孩子一生的世界名著）

ISBN 978-7-5318-7836-0

Ⅰ.①昆… Ⅱ.①刘… Ⅲ.①昆虫学—青少年读物

Ⅳ.①Q96-49

中国版本图书馆CIP数据核字（2016）第063511号

KUNCHONG JI

书　　名 / 昆虫记

主　　编 / 刘　磊

责任编辑 / 杜晓晔

出版发行 / 黑龙江美术出版社

地　　址 / 哈尔滨市道里区安定街 225 号

邮政编码 / 150016

发行电话 /（0451）84270524

经　　销 / 全国新华书店

印　　刷 / 永清县晔盛亚胶印有限公司

开　　本 / 889 mm × 1194 mm　　1 / 32

印　　张 / 5

字　　数 / 120 千字

版　　次 / 2016 年 3 月第 1 版

印　　次 / 2020 年 8 月第 4 次印刷

书　　号 / ISBN 978-7-5318-7836-0

定　　价 / 19.80 元

前／言

　　"书籍是人类进步的阶梯"这是世界著名作家高尔基说过的话。由此可见，书籍对人的成长进步有着举足轻重的作用。

　　青少年时期正是一个人积累知识，建立正确人生观、世界观、价值观的时候。在这个时期，能够认真仔细地阅读一本有影响力的好书，往往能够影响孩子的一生，对孩子的未来成长有着不可忽视的作用。

　　这一次我们精心从众多世界名著中选取了符合青少年年龄特点，具有激发青少年求知欲望；开拓青少年思想宽度；并且帮助青少年正确认识世界、感知世界的八本被人们广泛传颂的世界名著。

这八本书分别是能够将孩子带入昆虫世界并认识了解大自然的《昆虫记》；激发孩子想象力培养孩子坚强意志的《神秘岛》；帮助孩子树立正确人生观、价值观的《童年》；培养孩子兴趣以及开拓能力的《汤姆索亚历险记》；教育孩子自立自强拥有好品质的《小王子》；拓展孩子想象力的《绿野仙踪》；开拓孩子视野的《格列佛游记》以及教育孩子养成良好品质和习惯的《尼尔斯骑鹅旅行记》。

这八本书在世界文学史上取得了辉煌的成绩，在诞生以来就影响了一代又一代的青少年，如今我们将这些世界名著精心整理，呈现在各位青少年面前，希望能够让大家开卷有益，从书中获得能够影响你一生的启发，赢在人生起跑线上。

目／录

蝉和蚂蚁的寓言

蝉备受蚂蚁冷落的传说如同利己主义，也就是说如同我们的世界一样，历史久远。古雅典的孩童背着满袋无花果和油橄榄去上学时，嘴里就已经像是在背书似的在嘟囔这个故事了："冬天到了，蚂蚁们把受潮的食物搬到太阳下晒干。突然间，一只饥肠辘辘的蝉飞上前来求乞，它想讨几粒粮食。吝啬的蚂蚁们回答说：'你在夏日里欢唱，那冬天你就蹦跳吧。'"

事实真相把寓言作家向我们讲述的东西当作肆意杜撰给摒弃了。当然，蝉和蚂蚁之间有时候是有一些关系的，这是毫无疑问的，只不过，这些关系与人们讲给我们听的正好相反。这些关系并不是出自蝉的主动，它从不需要别人的帮助好活下

去，而是来自蚂蚁这个贪得无厌的剥削者，它把所有可吃的东西全都搬到自己的粮仓里。无论何时，蝉都不会跑到蚂蚁门前嚷饿去，还一本正经地许诺将来连本带利一并奉还。恰恰相反，是蚂蚁实在饿得不行，跑去乞求那个歌手的。我说的是"乞求"！借和还从来不存在于掠夺者的习性中。蚂蚁剥削蝉，厚颜无耻地把它洗劫一空。我们要讲讲这种洗劫，这是至今尚无人知晓的历史悬案。

七月，午后酷热难耐，成群的昆虫干渴难忍，在枯萎打蔫儿的花上爬来爬去，想找点儿水解渴，而蝉却对普遍的水荒满不在乎。它用它那如钻头般的细嘴，在自己那永不干涸的酒窖中钻了开来。它不停地歌唱着，落在一棵小树的细枝上，钻透那坚硬平滑、被太阳晒得汁液饱满的树皮。它从钻孔中把吸管插进去之后便一动不动地、聚精会神地、美滋滋地沉浸在汁液和歌声的甜美之中。

如果我们多盯着它看一会儿，也许会看到一些意想不到的悲惨事情。果然，许许多多渴得不行的家伙在附近转悠着。它们发现了这口井，因为井边渗出汁液而暴露了。它们一拥而上，一开始还有点儿小心翼翼的，只是舔舔渗出来的汁液。我看见拥挤在甜蜜的井口旁的有胡蜂、苍蝇、球螋、泥蜂、蛛蜂、金匠花金龟，最多的是蚂蚁。

最小的，为了靠近清泉，便从蝉的肚腹下钻过去。宽厚仁慈的蝉便抬起爪子，让这些不速之客自由通过。个头儿大的急得直跺脚，挤上前去，飞快地嘬上一口，退了出来，跑到旁边的树枝上兜上一圈，然后又更加大胆地返回来。不速之客们的贪心越来越大：刚才还谨小慎微的它们突然变成了一群乱哄哄的侵略者，一心要把掘井者从井边驱逐掉。

在这群冲锋陷阵的强盗中，最大胆、最坚决的就是蚂蚁。我看见有一些蚂蚁在咬蝉爪，还看见一些蚂蚁在扯蝉翼尖，趁势爬上蝉背，挠蝉的触角。一只胆大包天的蚂蚁就在我的眼前咬着蝉的吸管，拼命地往外拽。

巨蝉被这帮小蚂蚁如此这般地搅扰得没了耐心，终于弃井而去。它在逃走时还向这帮劫匪撒了一泡尿。对于蚂蚁来说，蝉的这种高傲的蔑视无伤大雅，反正它们的目的达到了。它们成了这口井的主人了。但是，使井冒水的泵已不再转，井很快也就干涸了。井水虽少，但却甘甜。一旦再有机会，侵略者们还会用同样的法子再喝上几大口的。

大家都看到了，事实彻底地把寓言臆想的角色给调换过来了：毫不客气、抢劫时绝不退缩的求食者是蚂蚁，而甘愿与抢食者分享甘露的能工巧匠是蝉。还有一点也足可以把颠倒的情况调整过来。经过五六个星期漫长的欢唱之后，歌手生命

耗尽，从大树高处跌落下来。它的尸体被烈日晒干，被行人的脚踩踏。时刻在寻找战利品的蚂蚁撞见了它，于是把这美食扯碎、肢解、弄烂，搬到自己那丰富的食物堆中去。甚至有时还可以看到蝉虽已奄奄一息，但翼还在灰土中颤动，而一小队蚂蚁便拥上去向各个方向拉扯它、撕拽它。此时的蝉伤心至极。看了这同类相残之后，就不难看出这两种昆虫之间到底是什么关系了。

蝉 出 地 洞

　　将近夏至时分，第一批蝉出现了。在人来人往、被太阳暴晒、被踩踏瓷实的一条条小路上，张开着一些能伸进大拇指、与地面持平的圆孔洞。这就是蝉的幼虫从地下深处爬到地面来变成蝉的出洞口。这些洞通常都在最热最干的地方，特别是在道旁路边。出洞的幼虫有锐利的工具，必要时可以穿透泥沙和干黏土，所以喜欢最硬的地方。

　　我家花园的一条甬道有一堵朝南的墙反射阳光，那儿有许多蝉出洞时留下的圆洞口。六月的最后几天，我检查了这些刚被遗弃的井坑。地面土很硬，我得用镐来刨。

　　地洞口是圆的，直径约两厘米半。在这些洞口的周围，没有一点儿浮土，没有一点儿推出洞外的土形成的小丘。

　　蝉洞约深四分米。洞是圆柱形，因地势的关系而有点弯

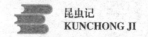

曲，但始终接近于垂直，这样路程是最短的。洞的上下完全畅通无阻。想在洞中找到蝉挖掘时留下的浮土那是徒劳的，哪儿都见不着浮土。洞底是个死胡同，成为一间稍微宽敞些的小屋，四壁光洁，没有任何与延伸的什么通道相连的迹象。

从洞的长度和直径来看，挖出的土有将近两百立方厘米。挖出的土都跑哪儿去了呢？在干燥易碎的土中挖洞，洞坑和洞底小屋的四壁应该是粉末状的，容易塌方，如果只是钻孔而未做任何其他加工的话。可我却惊奇地发现洞壁表面被粉刷过，涂了一层泥浆。洞壁实际上并不十分光洁，粗糙的表面被一层涂料盖住了。洞壁那易碎的土料浸上黏合剂，便被粘住不脱落了。

蝉的幼虫可以在地洞中来来回回，爬到靠近地面的地方，再下到洞底小屋，而带钩的爪子却未刮擦下土来，否则会堵塞通道，上去很难，回去不能。矿工用支柱和横梁支撑坑道四壁；地铁的建设者用钢筋水泥加固隧道；蝉的幼虫这个毫不逊色的工程师用泥浆涂抹四壁，让地洞长期使用而不堵塞。

如果我惊动了从洞中出来爬到近旁的一根树枝上去、在上面蜕变成蝉的幼虫的话，它会立即谨慎地爬下树枝，毫无阻碍地爬回洞底小屋里去，这就说明即使此洞就要永远被丢弃了，洞也不会被浮土堵塞起来。

这个上行管道不是因为幼虫急于重见天日而匆忙赶制而

成；这是一座货真价实的地下小城堡，是幼虫要长期居住的宅子。墙壁进行了加工粉刷就说明了这一点。如果只是钻好之后不久就要丢弃的简单出口的话，就用不着这么费事了。毫无疑问，这也是一种气象观测站，外面天气如何在洞内可以探知。幼虫成熟之后要出洞，但在深深的地下它无法判断外面的气候条件是否适宜。地下的气候变化太慢，不能向幼虫提供精确的气象资料，而这又正是幼虫一生中最重要的时刻——来到阳光下蜕变——所必须了解的。

幼虫几个星期地，也许几个月地耐心地挖土、清道、加固垂直洞壁，但却不把地表挖穿，而是与外界隔着一层一指厚的土层。在洞底它比在别处更加精心地修建了一间小屋。那是它的隐蔽所、等候室，如果气象报告说要延期搬迁的话，它就在里面歇息。只要稍微预感到风和日丽，它就爬到高处，透过那层薄土盖子探测，看看外面的温度和湿度如何。

蝉洞是个等候室，是个气象观测站，幼虫长期待在里面，有时爬到地表下面去探测一下外面的天气情况，有时便潜于地洞深处更好地隐蔽起来。这就是蝉在地洞深处建有一个合适的歇息所，并将洞壁涂上涂料以防止塌落的原因之所在。

我把一只正在对其洞穴进行挖掘的幼虫给挖了出来。幼虫刚开始挖掘时我便有了惊人的发现。一个大拇指一样长的地洞，没有任何的阻塞物，洞底是一间休息室，眼下全部工程就

是这个状况。

这只幼虫的颜色比我在它们出洞时捉到的那些幼虫显得苍白得多。眼睛非常大，特别白，混浊不清，看不清东西。在地下视力有什么用？而出了洞的幼虫的眼睛则是黑黑的，闪闪发亮，说明能看得见东西。未来的蝉儿出现在阳光下，就必须寻找，有时还得到离洞口挺远的地方去寻找将在其上蜕变的悬挂树枝。这时候视力就非常重要了。这种在准备蜕变期间的视力的成熟足以告诉我们幼虫并非仓促地即兴挖掘自己的上行通道，而是干了很长的时间。

另外，苍白而眼盲的幼虫比成熟状态时体形要大。它身体内充满了液体，就像是患了水肿。用指头捏住它，尾部便会渗出清亮的液体，弄得全身湿漉漉的。这种由肠内排出来的液体是不是一种尿液？或者只是吸收液汁的胃消化后的残汁？我无法肯定，为了说起来方便，我就称它为尿吧。

喏，这个尿泉就是谜底。幼虫在向前挖掘时，也随时把粉状泥土浇湿，使之成为糊状，并立即用身子把糊状泥压贴在洞壁上。这具有黏性的湿土便糊在了原先干燥的土上，形成泥浆，渗进粗糙的泥土缝隙中去。拌得最稀的泥浆渗透到最里层，剩下的则被幼虫再次挤压、堆积，涂在空余的间隙中。这样一来，坑道便畅通无阻了，一点浮土都不见了，因为已被就地和成了泥浆，比原先的没被钻透的泥土更瓷实、更均匀。

　　幼虫就是在这黏糊糊的泥浆中干活儿来着，所以当它从极其干燥的地下出来时便浑身泥污，让人觉得十分蹊跷。成虫虽然完全摆脱了矿工的又脏又累的活儿，但并未完全丢弃自己的尿袋；它把剩余的尿液保存起来当作自卫的手段。如果谁离得太近地观察它，它就会向这个不知趣的人射出一泡尿，然后便一下子飞走了。蝉尽管性喜干燥，但在它的两种形态中，都是一个了不起的浇灌者。

　　不过，尽管幼虫身上积满了液体，但它还是没有那么多的液体来把整个地洞挖出的浮土弄湿，并让这些浮土变成易于压实的泥浆。蓄水池干涸了，就得重新蓄水。从哪儿蓄水，又如何蓄水？我极其小心地整个儿地挖开了几个地洞，发现每个洞底小屋壁上都嵌着一根生命力很强的树根须，大小有的如铅笔粗细，有的如麦秸管一般。露出来可以看得见的树根须短小，只有几毫米。根须的其余部分全都植于周围的土里。当我小心挖掘蝉洞时，总能见到这么一种根须。

　　要挖洞筑室的蝉，在开始为未来的地道下手之前，总要在一个新鲜的小树根的近旁寻觅一番。它把一点根须刨出来，嵌于洞壁，而又不让根须突出壁外。这墙壁上的根须，我想就是汁液的源泉，幼虫的尿袋在需要时就可以从那儿得到补充。如果由于用干土和泥而把尿袋用光了，幼虫矿工便下到自己的小屋里去，把吸管插进根须，从那取之不尽的水桶里吸足了水。

尿袋灌满之后，它便重新爬上去，继续干活儿，把硬土弄湿，用爪子拍打，再把身边的泥浆拍实、压紧、抹平，畅通无阻的通道便做成了。

如果没有根须那个大水桶，而幼虫体内的蓄水池又干涸了，那会怎么样呢？下面这个实验会告诉我们的。我把一只正从地下爬出来的幼虫捉住了，把它放进一个试管的底部，用松松地堆积起来的一试管干土把它埋起来。这个土柱子高一分米半。这只幼虫刚刚离开的那个地洞比试管长出三倍，虽说是同样的土质，但洞里的土要比试管里的土密实得多。幼虫现在被埋在我那短小的粉状土柱子里，它能重新爬到外面来吗？如果它努力挖的话，肯定是能爬出来的。对于一个刚从硬土地中挖洞的幼虫来说，一个不坚固的障碍能在话下吗？

然而我却有所怀疑。为了最后顶开把它与外界隔开的那道屏障，幼虫已经把最后储备的液体消耗光了。它的尿袋干了，没有活的根须它就毫无办法再把尿袋灌满。我怀疑它无法成功是不无道理的。果不其然，三天后，我看到被埋着的幼虫耗尽了体力，终未能爬上一拇指高。浮土被扒动过，因没有黏合剂而无法当场黏合，无法固定不动，刚一拨弄开，便又塌下来，回到幼虫爪下。老这么挖、扒，总也不见大的成效，总是在做无用功。第四天，幼虫便死了。如果幼虫的尿袋是满的，结果就大不相同。我用一只刚开始准备蜕变的幼虫进行了同样的实验。它的尿袋鼓鼓的，在往外渗，身子都全湿了。对于它来说，这活儿是小菜一碟。松松的土几乎毫无阻力。幼虫用尿袋的液体润湿，便把土和成了泥浆，黏合起来，再把它们抹开、抹平。地道通了，但不很规则，这倒不假，随着幼虫不断往上爬，它身后几乎给堵上了。看起来好像是幼虫知道自己无法补充水，因而为了尽快地摆脱一个它很陌生的环境而节约自己身上的那仅有的一点液体，不到万不得已绝不动用。就这么精打细算的，十来天之后，它终于爬到外面来。

出洞口捅开之后，大张着嘴待在那儿，宛如被粗钻头钻出的一个孔。幼虫爬出洞来后，在附近徘徊一阵，寻找一个空中支点，诸如细荆条、百里香丛、禾蒿秆儿、灌木枝杈什么的。一旦找到之后，它便爬上去，用前爪牢牢地抓住，脑袋昂着。其余的爪子，如果树枝有地方的话，也撑在上面；如果树枝很小，没多少地方，两只前爪钩住就足够了。然后便休息片刻，让悬着的爪臂变硬，成为牢不可破的支撑点。这时候，中胸从背部裂开。蝉从壳中蜕变而出，前后将近半个小时的工夫。蝉从壳中蜕变出来后，与先前的模样儿大相径庭！双翼湿润、沉重、透明，上面有一条条的浅绿色脉络。胸部略呈褐色。身体的其余部分呈浅绿色，有一处处的白斑。这脆弱的小生命需要长时间地沐浴在空气和阳光之中，以强壮身体，改变体色。将近两个小时过去了，却未见有明显的变化。它只是用前爪钩住旧皮

囊，稍有点微风吹来，它就飘荡起来，始终是那么脆弱，始终是那么绿。最后，体色终于变深了，越来越黑，终于完成了体色改变的过程。这一过程用了半个小时。蝉上午九点悬在树枝上，到十二点半的时候，我看着它飞走了。

旧壳除了背部的那条裂缝以外，并无破损，并且牢牢地挂在那根树枝上，晚秋的风雨也都没能把它吹落或打下。常常可以看到有的蝉壳一挂就是好几个月，甚至整个冬天都挂在那儿，姿态仍旧如同幼虫蜕变时的一模一样。旧壳质地坚固，硬如干羊皮，如同蝉的替身似的久久地待在那儿。

螳螂捕食

　　还有一种南方的昆虫，其令人感兴趣的程度至少与蝉一样，但名声却远不及后者，因为它总是悄无声息。这里的人们称它为"祷上帝"，学名则叫螳螂，拉丁文名为"修女袍"。

　　天真幼稚的好心的人们，你们犯了多么大的错误呀！它的种种祈祷似的神态掩藏着许多的残忍习性；那两只祈求的臂膀是可怕的劫掠工具。它并不捻动念珠，而是要结果一切从旁经过的猎物。人们怎么也没想到螳螂竟然是直翅目食草昆虫中的一个例外，它专门吃活食。它是昆虫界和平居民中隐藏的老虎，是埋伏着捕捉新鲜肉食的妖魔。可想而知，它力大无穷，又嗜肉成性，外加它那完美而可怕的捕捉器，使它可能成为野地上的一霸。"祷上帝"可能变成了凶神恶煞般的刽子手。

　　如果不提它那致人死地的工具，螳螂其实没有什么可以

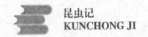

让人担惊受怕的。它甚至不乏典雅优美，因为它体形矫健，姿态雅致，体色淡绿，薄翼修长。它没有张开如剪刀般的凶残大颚，相反却小嘴尖尖，好像生就是用来啄食的。借助从前胸伸出的柔软脖颈，它的头可以转动，左右旋转，俯仰自如。昆虫之中，唯有螳螂吸引目光，可以观察，可以打量，几乎还带面部表情。

它整个身躯一副安详状，同被誉为极其准确的杀人机器的前爪比起来，反差极大。它的腰肢异常地长而有力，其功用就是向前伸出狼夹子，不是坐等送死鬼，而是主动去捕捉猎物。捕捉器稍有点装饰，颇为漂亮。腰肢内侧饰有一个美丽的黑圆点，中心有白斑，圆点周围有几排细珍珠点作为陪衬。

它的大腿更长，宛如扁平的纺锤，前半段内侧有两行尖利的齿刺。里面一行有十二根长短相间的齿刺，长的黑色，短的绿色。这种长短齿刺相间增加了啮合点，使利器更加锋利有效。外面的一行简单得多，只有四根齿刺。两行齿刺末端有三根最长的。总之，大腿是一把双排平行刃口的钢锯，其间隔着一条细槽，小腿屈起可放入其间。

小腿与大腿由关节相连，屈伸非常灵活，它也是一把双排刃口钢锯，齿刺比大腿上的钢锯短些，但数量更多、排列更密。末端有一硬钩，其尖利可与最好的钢针相媲美，钩下有一小槽，槽两侧是双刃弯刀或截枝剪。

这硬钩是高精度的穿刺切割工具，让我一看到就觉得害怕。这家伙用截枝剪挠你，用尖钩划你，用钳子夹你，让你几乎无还手之力，除非你用拇指捏碎它，结束战斗，那样的话，你也就抓不着活的了。

螳螂在休息时，捕捉器折起来，举于胸前，看上去十分平和，一副在祈祷的昆虫的架势。但是，一旦猎物突然出现，它就立刻收起它那副祈祷姿态。捕捉器的那三段长构件忽地伸展开去，末端伸到最远处，抓住猎物后便收回来，把猎物送到两把钢锯之间。老虎钳宛如手臂内弯似的，夹紧猎物，这就算大功告成了：蝗虫、蚱蜢或其他更厉害的昆虫，一旦被夹在那四排尖齿交错之中，便小命呜呼了。无论它如何拼命挣扎，又扭又蹬，螳螂那可怕的凶器是死咬住不放的。

对螳螂的习性进行系统研究的话，必须要在家中饲养，在野外它无拘无束的情况下是研究不了的。饲养它并不困难，因为只要有好吃好喝的伺候，它并不在乎被囚在钟形罩中。我每天给它精美食物，天天换样儿，那它就不怎么会因失去荆棘丛而感觉遗憾了。

我准备了十来只宽大的金属网罩，用来关押我的囚徒，同饭桌上罩饭菜防苍蝇的网罩一样。每一个罩子都扣在一个装满沙子的瓦罐上。笼里放着一束干百里香、一块为将来产卵用的平石头，这就是它的全部家当。这一座座的小屋摆放在我动物

实验室的大桌子上，那儿白天大部分时间日照充足。我把我的俘虏们关在笼子里，有的单独囚禁，有的集体关押。

我是八月下旬开始在路边干草堆中和荆棘丛里看到成年螳螂的。肚子已经很大了的雌性螳螂日渐增多，而它们的瘦弱的雄性伴侣却比较少见。我有时得花很大的劲儿才能给我的那些雌性俘虏配对，因为囚笼中那些雄性小个子经常被悲惨地吃掉。这种惨剧我们先按下不表，先来说说那些雌性螳螂。

雌性螳螂饭量极大，喂养时间长达数月，所以食物的维系并非易事。几乎必须每天更换食物，而大部分都是被它们稍微尝上几口便不屑地弃之不食了。我相信，螳螂在它们的出生地——荆棘丛中，是会注意节约的。由于猎物不充足，它们会把到手的食物吃到干净为止，可在我的笼子里，它们就大手大脚的了，常常是咬上几口之后便把那鲜美的食物撇开不吃了。它们似乎在以这种方式排遣被囚禁的烦恼吧。

我每天在围墙周围转悠，企图为我的住客们弄点鲜美猎物。这些美味食物是我想用来了解螳螂的胆量和力气到底有多大的。在这些美味之中，大灰蝗虫要比螳螂大很多，白额螽斯的大颚有力，还有两种可怕的猎物：一个是圆网蛛，肚子似圆盘；另一个是冠冕蛛，形象凶恶，令人望而生畏。

各种各样的蝗虫，还有蝴蝶、蜻蜓、大苍蝇、蜜蜂以及其他中不溜儿的昆虫，都是它日常所能抓到的猎物。反正，在我的笼子里，大胆的女猎手在任何猎物前都没有退缩过。无论是灰蝗虫还是螽斯，也无论是圆网蛛还是冠冕蛛，迟早都逃不脱它的利爪，在它的锯齿内动弹不得，被它津津有味地嚼食。这种情形是值得讲述一下的。

一看见罩壁上傻乎乎靠近的大蝗虫，螳螂痉挛似的一颤，突然摆出吓人的姿态。电击也不会产生这么快的效应的。那转变是如此突然，样子是如此吓人，以致一个没有经验的观察者会立即犹豫起来，把手缩回来，生怕发生意外。

鞘翅随即张开，斜拖在两侧；双翼整个儿展开来，似两张平行的船帆立着，宛如脊背上竖起阔大的鸡冠；腹端蜷成曲棍状，先翘起来，然后放下，再突然一抖，放松下来，随即发出"噗、噗"的声响，宛如火鸡展屏时发出的声音一般，也像是突然受惊的游蛇吐芯子时的声响。

身子傲岸地支在四条后腿上，上身几乎呈垂直状。原先收缩相互贴在胸前的劫持爪，现在完全张开，呈十字形挺出，露出装点着排排珍珠粒的腋窝，中间还露出一个白心黑圆点。这黑的圆点恍如孔雀尾羽上的斑点，再加上那些象牙质的纤细凸纹，是它战斗时的法宝，平时是密藏着的，只是在打斗时为了显得凶恶可怕、盛气凌人，才展露出来。

螳螂以这种奇特姿态一动不动地待着，目光死死地盯住大蝗虫，对方移动，它的脑袋也跟着稍稍转动。这种架势的目

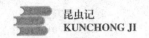

的是显而易见的：螳螂是想震慑、吓瘫强壮的猎物，如果后者没被吓破胆的话，后果将不堪设想。

它成功了吗？谁也搞不清楚螽斯那光亮的脑袋里或蝗虫那长脸后面在想些什么。它们那麻木的面罩上没有任何的惊恐呈现在我们的眼前。但是，可以肯定被威胁者是知道危险的存在的。它看见自己面前挺立着一个怪物，高举着双钩，准备扑下来；它感到自己面对着死亡，虽还来得及它却并没有逃走。它本是个长腿的蹦跳者，善于高跳，轻而易举地就能跳出对方利爪的范围，可它却偏偏蠢乎乎地待在原地，甚至还慢慢地向对方靠近。

据说，小鸟见到蛇张开的大嘴会吓瘫，看见蛇的凶狠目光会动弹不得，任由对方吞食。许多时候，蝗虫差不多也是这么一种状态。现在它已落入对方威慑的范围。螳螂将两只大弯钩猛压下来，爪子一抓，双锯合拢、夹紧。不幸的蝗虫已无还手之力：它的大颚咬不着螳螂，后腿只是胡乱地蹬踢。它的小命休矣。螳螂收起它的战旗——翅膀，复现常态，开始美餐。

在抓获蚱蜢和距螽这种危险小于大灰蝗虫和螽斯的昆虫时，螳螂那魔怪般的姿态没有那么咄咄逼人，持续时间也没那么长。它只需将大弯钩一伸就解决问题了。对付蜘蛛也是如此，只需拦腰抓住对方，就用不着担心其毒钩了。对于作为其日常食物的不起眼的蝗虫，无论是在我笼子里的还是野地里的，螳螂都极少用它的震慑法子，它只是一把抓住闯进它的势力范围的冒失鬼就完事了。

当要捕食的活物可能会进行顽强抵抗时，螳螂则不敢怠慢，要利用一种震慑、恫吓猎物的姿态，让自己的利钩有可能稳稳地钩住对方。随后，它的狼夹子便把吓傻了的没有还手之力的受害者夹紧。它就是以这种迅猛的魔怪般的姿势把自己的猎物吓瘫了的。

在这种怪诞的姿势中，双翅起了很大的作用。螳螂的翅膀很宽大，外边缘呈绿色，其余部分是无色半透明的。纵向上有许多翅脉，呈扇面状辐射开来。还有一些更细的、横向的翅脉，成直角地与纵向翅脉相切，与之形成无数的网眼。在呈魔怪姿态时，翅膀展开，立成两个平行的平面，几乎相互触及，犹如昼间休憩的蝴蝶的翅膀一样。两翅之间，翘卷着的腹端突然剧烈抖动起来。肚腹摩擦翅脉，发出一种喘息声，我把它比作处于防御的游蛇吐芯子的声音。如果要模仿这种声响，只需用指尖快速擦过展开的翅膀的正面即可。

几天没吃食的螳螂，因饥饿难忍，能一下子把与它相同大小或比它个头儿大的灰蝗虫全部吃掉，只撇下其翅膀，因为翅膀太硬而无法消受。为了吃光这么个大猎物，两个小时足够了，但这么狼吞虎咽的情况甚是罕见。我曾见到过一两次，我当时就一直纳闷儿，这个饕餮者是怎么找到地方存这么多的

食物的？ 容量小于容积的原理是怎么颠倒过来为螳螂服务的？ 我惊叹它的胃的高超特性，竟能让食物立即消化、溶解，穿肠而过。

虽然说它那尖尖小嘴似乎并不像是生就为大吃大喝所用的，可猎物却被它吃光了，只剩下双翅，而且，翅根上多少有点肉的地方也没有放过。爪子、硬皮全都穿肠而过。有时候，螳螂抓住一条肥硕的后大腿，送到嘴边，细细地品味着，一副心满意足的神态。

螳螂先从猎物的颈部下口。当一只劫持爪拦腰抓住猎获物时，另一只则按住后者的头，使脖颈上方断裂开来。于是，螳螂便把尖嘴从这失去护甲的地方插进去，锲而不舍地啃吃开来。猎物颈部裂开了大口，头部淋巴已遭破坏，蹬踢也就随之停止，猎物便成了一个没有知觉的尸体，螳螂因而可以自由选择，想吃哪儿就吃哪儿了。

萤火虫

　　在我们这个地区，萤火虫可谓无人不知，无人不晓，没有什么昆虫像它那样家喻户晓。这个人见人爱的小东西，为了表达生活的欢乐，竟然在屁股上面挂了一只小小的灯笼。炎热的夏夜里，没有人没见过它。古希腊人把它称为"朗皮里斯"，意为"屁股上挂灯笼者"；法语中则称它为"发光的蠕虫"。其实，萤火虫绝对不是什么蠕虫，即使从外表来看，它也不像蠕虫。它有6只短小的脚，而且十分明白如何使用自己的脚。它是可以用小碎步奔跑的昆虫。雄性萤火虫发育完全后，如同真正的甲虫一样，长着鞘翅。但雌性萤火虫却无此造化，享受不到飞翔的快乐，终身保持着幼虫的形态。不过，雄性萤火虫在尚未到达交尾期之前，形态也是不完全的。即使如此，称它为"蠕虫"也是不恰当的。法国有句通俗语，叫"像蠕虫一样一

丝不挂"，用以形容身上未穿任何保护性的衣物，但是，萤火虫可是穿着衣服的，就是说它有略为坚韧的外皮，而且它还有斑斓的色彩，身体呈棕色，胸部呈粉红色，环形服饰的边缘还点缀着两个红红的小斑点。这哪会是蠕虫呢？

我们先来看看萤火虫以什么为生吧。萤火虫看上去既小又弱，像是对他人无害，可它却是一种食肉动物，是猎取野味的猎手，而且，捕猎时还相当地狠毒。它的猎物通常是蜗牛。昆虫学家们早已知道萤火虫的这一习性。但是，我从他们书中的介绍中，总感到人们对这一点了解得很不充分，特别是对萤火虫的奇怪的攻击方法几乎是一无所知。

萤火虫在啃噬猎物之前，先对它施以麻醉，使之失去知觉。它的猎物通常是很小的蜗牛，个头儿还没有樱桃大，是处于变形状态的蜗牛。夏日里，这种蜗牛一大群一大群地聚集在稻子和麦子的茎秆上，或者其他植物的干枯的长茎上，在上面一动不动地要待上整整一个炎热的夏季。正是在这种时候，在猎物处于这种状态中，我不止一次地观察到萤火虫对猎物发动攻击，对之施以灵巧的外科麻醉手术，使猎物在颤动着的茎秆上昏死过去，然后，对之下口，美餐一顿。

萤火虫对其猎物的其他藏身处所也了如指掌。它经常飞到沟渠旁边，因为那儿土地潮湿、杂草丛生，是蜗牛喜爱的栖身之所。在这种情况之下，萤火虫便在地上对蜗牛施以麻醉术。我在家中也饲养了一些萤火虫，它们很容易被捕捉到，也很容易喂养，因此，我可以仔细地观察研究这些外科医生做手术的详细过程。

我在一个大玻璃瓶里放上一些草，把捉到的几只萤火虫和几只蜗牛也放了进去。蜗牛个头儿正合适，不大不小，正在等待变形，正符合萤火虫的口味。我寸步不离地监视着玻璃瓶中的情况，因为萤火虫攻击猎物是瞬间的事情，转瞬即逝，不高度集中精神，必然会错过观察的机会。

我终于发现是怎么个情况了。萤火虫稍微探了探捕猎对象。蜗牛通常是全身藏于壳内，只有外套膜的软肉露出一点点在壳的外面。萤火虫见状，便立刻打开它那极其简单、用放大镜才能看到的工具。这是两片呈钩状的颚，锋利无比，细若发丝。用显微镜观察之，可见弯钩上有一道细细的小槽沟，这就是它的工具。它用它的这种外科手术器械不停地轻轻击打蜗牛的外膜，其动作不像是在施以手术，而像是在与猎物亲吻。用孩子们的话来说，它像是在与蜗牛"拉钩"。它在"拉钩"时，有条不紊，慢条斯理，不慌不忙，每拉一次，都要稍事休息片刻，似乎是在观察"拉钩"的效果如何。它"拉钩"的次数并不多，顶多五六次，就足以把猎物给制服，使之动弹不得。然后，它就要动嘴进食了，它很可能也是要用弯钩去啄，因为我几次都未观察清楚，所以对这一点我说不太准。总之，萤火虫在施

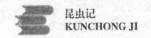

行麻醉手术时，动作麻利，立竿见影，快如闪电，不用问，它利用带细槽的弯钩已经把毒液注入蜗牛体内，使之昏死过去。

我检查了一下猎物。在萤火虫与蜗牛拉了四五下钩之后，我便立即从它口中夺下它的猎物，用针尖刺蜗牛的前部，亦即缩在壳内的蜗牛所暴露在外的身体。我没看到它有任何反应，仿佛像是一具没了生气的尸体。

我还发现一个令我信服的例子。有一次，我幸运地看到一只蜗牛正在爬行，其足正在蠕动着，突然，萤火虫向它发动了袭击。蜗牛十分惊慌，乱动了几下，然后便一动不动了。它的脚不再爬行，身体的前部也失去了如同天鹅脖颈那种优美的弯曲状，触角软软地耷拉下来，如同一根折断了的手杖。它一直保持着这种状态。

蜗牛是否真的被蜇死了呢？没有，根本没有。我可以让这只表面上看似已死的蜗牛活过来。我把这位处于半死不活状态下的病人隔离开来，给它洗了个澡，尽管这对于取得实验的成功并非绝对必要。

两天过后，这只被萤火虫施以麻醉术的蜗牛终于复活了，它又能动弹了，又有感觉了。我用针尖刺它，它有反应，它开始蠕动，爬行，伸出触角，仿佛什么危险都没有发生过，像个没事人似的。那种昏昏沉沉、如死一般的全麻状态已经消失，它苏醒过来了。

对于蜗牛这样一个与世无争、平和温顺的对手，萤火虫又何必要先对之施以麻醉术呢？这使我想起了另一种昆虫，名叫德里尔虫，生活在阿尔及利亚。这种昆虫虽说不会发光，但其身体结构，尤其是在习性方面，与我国的萤火虫却颇为相似。德里尔虫以陆生软体动物为食，它所捕食的是一种圆口类的动物，这种动物有着美丽雅致的陀螺形外壳。一块结实的肌肉把一个石质封盖固定在这种圆口类动物身上，这个石质封盖把甲壳闭合得严严实实。这个封盖是个活动的门，居于甲壳内的隐居者只需缩回身子，封盖便立即盖上。当隐居者想要外出时，此门也很容易打开。德里尔虫被黏附器固定在蜗牛的甲壳表面，耐心地等待着、窥伺着，等着甲壳里面的蜗牛憋不住，露出身子，便立刻冲到门边，把门挡住，使之关闭不上，自己则进入门内，占领这个城堡。我不常见到这种德里尔虫，但我认为，它的进攻策略与我们的萤火虫颇为相似。它钻进甲壳内，身子扭动几下，里面的隐居者也就丧失了反抗的能力。

我们还是回过头来谈谈我们的萤火虫吧。如果蜗牛在地上爬行，甚至就龟缩在壳里，萤火虫袭击它是很容易的事，因为蜗牛的壳没有封盖，而且，蜗牛身体的前部暴露在壳外，因此它无法自卫，很容易被伤害。即使蜗牛待在高处，紧贴在一棵禾本植物的茎秆上，或者紧贴在一块光滑的石头上，袭击者无从下手，但是，只要是这个外界的封盖稍有缝隙，它仍然难

逃厄运。

　　萤火虫施以麻醉术时，总是非常小心、轻手轻脚地对待它的猎物，不想引起对方的注意，免得它挣扎、乱动，从高处掉到地上。如果猎物掉到地上，萤火虫也就不会再想方设法地寻找它了，因为它只是依靠运气去捕捉落入口中的猎物，而不想费心劳神地去寻来找去。因此，萤火虫在发动袭击的时候，从不掉以轻心，总是小心谨慎地不让猎物感到疼痛，使其肌肉失去反应，否则猎物便会从高处掉下地来，到嘴的猎物便化为乌有。由此不难看出，突然对猎物施以深度麻醉，一针见血，是它捕捉猎物的绝招。

　　萤火虫如何享用其猎物呢？它是不是真的在吃它？也就是说，它是不是把蜗牛切成细小的碎块，然后用自己所谓的咀嚼器把它们嚼烂、咽到肚子里去？我看并非如此。我所捕捉到的萤火虫，嘴上从未发现有固体食物的碎渣细末什么的。萤火虫的所谓"吃"，并不是真正意义上的那种吃，而是吮吸，如同蛆虫那样，把猎物化为汁液，然后吸入肚里。与双翅目昆虫爱吃肉的幼虫一样，萤火虫也是先把猎物变为流质，对之进行液化处理、加工，然后食之。我把我所见到的萤火虫"吃食"的过程介绍如下：

　　萤火虫对蜗牛施行了麻醉。它几乎总是单独操作，即使是遇到一只个头很大的蜗牛，它也不找助手。在它施行完麻醉手术后，总会有宾客不请自来，两三位，四五位，甚至更多。众宾客来到餐桌前，与食物的真正主人并无纷争，毫不客气地尽情享用，不分彼此。两天后，主人与食客都离去了，我便把蜗牛壳口冲下翻倒过来，只见壳里的东西如同锅口朝下倒浓汤似的，全流了出来。主客吃饱喝足了之后，不屑一顾地把残羹剩饭给撇下了。

事情很明显，我先前所说的"拉钩"之后，也就是萤火虫东一口西一口地轻轻拍击蜗牛之后，蜗牛昏死过去，然后，众宾客齐上阵，都在用特有的消化素对猎物进行加工，最后，蜗牛肉便变成蜗牛肉粥了，接着，大家便一起尽情享用，尽兴而去。这样看来，萤火虫嘴上的那两只弯钩外表上看去并无保护层，是其进攻猎物的利器，刺入对方体内，注入麻醉药剂，并使对方的肉质液化，而这麻醉药剂很有可能就是萤火虫的体液。在放大镜下仔细地进行观察，可以很清楚地看到它的这种微型器械，可我感到它们却不像是钩子。它们的中心是空的，与蚁蛉的那对工具颇为相似；蚁蛉就依靠这种工具吸食猎物的肉，而并不把猎物肉切成小细块。不过，萤火虫又与蚁蛉的表现颇为不同：蚁蛉用餐完毕，会从沙地的漏斗状陷阱中抛出大量的丰盛食物；而萤火虫有液化装置，绝不糟蹋食物，或者说，几乎不糟蹋食物。二者掌握着类似的工具，但是，一个是用来吮吸猎物的血液，而另一个则采用液化设备，使食物变成流质，全

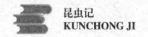

部食之。

有时候，蜗牛所处的位置不太好，难以保持平衡，但是，萤火虫毕竟动作敏捷，不当回事，干净利落地就处理完了。我透过喂养着萤火虫的那个大口玻璃瓶，清楚地看到了全过程。大口瓶上盖着一块玻璃，蜗牛沿着玻璃瓶内壁往上爬，一直爬到瓶口边沿，停了下来，用少许黏液把壳体粘挂在那儿。它只是在那里做短暂的停留，所以舍不得用太多的软体组织所生产出来的胶黏剂。这样一来，只要稍微震动一下瓶子，蜗牛壳口就会松脱，从黏挂的地方摔到瓶底。

我看到瓶子里的那只萤火虫也在不断地往高处爬去，爬到蜗牛暂时停留的地方。它依靠某种攀缘器官沿着瓶子内壁爬着，这种攀缘器官弥补了萤火虫足爪此刻的功能缺陷。萤火虫已经来到蜗牛的身旁，找到了一处可以下手的缝隙，便轻轻地拍击了几下躲在缝隙内的蜗牛，使之昏死过去，随即开动其液化装置，使蜗牛肉变为蜗牛肉汤，美美地吮吸起来。

当萤火虫吃饱喝足之后，蜗牛就剩下一个空壳了，肉没有了，汤也没有了。但是，这只空壳虽然只用了少许黏液粘在玻璃上，却并未开胶，仍然牢牢地粘在那里，没有丝毫的移位。壳中的那个隐居者没有挣扎，没有反抗，一点一点地从固态变成了液态，全都从萤火虫开始发起攻击的那个点上流了出来，流得干干净净，只剩下一个空壳了。由此，我们不难看出，萤火虫的麻醉手术之高超、之快速，简直是迅雷不及掩耳，让对方防不胜防。而且，我们还可以看出，萤火虫吃蜗牛的手段之奇妙，让人叫绝，都没有让蜗牛空壳从极其光溜而又垂直的玻璃瓶内壁上掉落下来，甚至都没让只有些许胶黏着的空壳有丝毫的晃动、移位，这真是不可思议。

萤火虫要在玻璃上或草茎上攀爬，它的又短又笨的爪子显然是无法承担这一重任的，必须拥有一种特殊的工具。这种特殊工具必须不怕光滑，能攀住无法抓住的物体。萤火虫确实拥有这种特殊工具。它的后腿末端有一个白色的点，用放大镜仔细观察，可以看到那上面约有 12 个很短小的肉刺，它们有时收拢起来，缩成一团，有时却又伸展开来，好似玫瑰花瓣。这就是它的吸附并移动的器官。萤火虫想要把自己附着在某个地方，甚至是极其光滑的表面上，比如，附着在禾本植物的茎秆上，它就把这十二个短小的肉刺展开来，呈玫瑰花瓣状，就可以牢牢地铺展在所吸附的物体上了，用身体的黏性把自己紧紧地贴附在支撑物上。这个特殊器官通过抬高和放低、张开和闭合，帮助萤火虫行走。总而言之，萤火虫可以说是一个双腿残疾者，它在自己的后腿放上一朵漂亮的白色玫瑰花，一种没有关节、可向四下里活动的有十二个趾肢节的爪子，而这种管状的趾肢节，并非抓住而是黏附着物体。这个器官还有一个用途，它可以当作海绵和刷子来使用。萤火虫在进餐之后，使

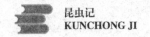

用这把刷子刷头、背、尾及两侧。它之所以全身上下地刷来刷去，是因为它的脊椎很柔韧，可以弯来弯去，哪儿都能够得着。萤火虫在这儿全身进行擦拭时，非常仔细，一处不漏，足见它对这种运动颇感兴趣，乐此不疲。它这样做的目的究竟是什么呢？很显然，它这是要擦去沾在身上的灰土或者蜗牛肉的残渣剩汤。

如果萤火虫只会像亲吻似的轻拍蜗牛，对它施以麻醉术，而没有其他什么本领的话，那它也就不会这么出名，这么家喻户晓了。它真正名扬四海的原因，是它能在尾部亮起一盏红灯。我们来特别仔细地观察一番雌性萤火虫吧。它在达到婚育年龄，在夏季酷热期间发出亮光的过程中，一直保持着幼虫状态。它的发光器是在腹部的最后三节处，其中前两节的发光器呈宽带状，另外一个组群是最后一个体节的两个斑点。具有那两条宽带的只有发育成熟了的雌性萤火虫；未来的母亲用最绚丽的装束来打扮自己，点亮了这光亮灿灿的宽带，以庆贺自己的婚礼，而在这之前，自刚孵化的时候起，它只有尾部的那个发光斑点，这种绚丽的彩灯显示着雌性萤火虫那惯常的身体变态。身体的变态使之长出翅膀，能够飞翔，从而宣告其生理演变过程的结束。这盏亮灿灿的灯点亮时，还标志着其交尾期即将来临。在这之后，雌性萤火虫就没有翅膀了，不能再飞翔，一直保持着这种幼虫的可怜的卑微形态，但是，它的那盏明灯却始终点亮着。

雄性萤火虫则有所不同，它得到了充分的发育，改变了形态，拥有鞘翅和翅膀。与雌性一样，从孵化时起，它的尾部就有这盏明灯。总之，萤火虫不管是雌性还是雄性，不管是处在发育时期的什么阶段，其尾部均可发光，这就是整个萤火虫家族的一大特点。而且，这个发光点从背部或腹部都可以看见，但只有雌性萤火虫才有那两条宽带，才在腹部下面发光。

我的手和眼仍然很听使唤，做起解剖来还算得心应手，因此，我便想解剖一下萤火虫的发光器官，以便彻底搞清楚其构造。我终于成功地把一根发光宽带的大部分给剥离开来。我在显微镜下仔细地观察了这条宽带，发现其上有一种白色涂料，系极其细腻的黏性物质构成的。这白色涂料显然就是萤火虫的光化物质。紧靠着这白色涂料，有一根奇异的气管，主干很短但却很粗，下面长了不少的细枝，延伸至发光层上，甚或深入体内去。

发光器受呼吸气管的支配，发光是氧化所导致的：白色涂层提供可氧化的物质，而长有许多细枝的粗气管则把空气分送到这物质上。现在，我很想搞清楚这个涂层的发光物质究竟为何物。起初，人们以为那是磷，还把它加以燃烧，以化验其元素，但是，据我所知，这种办法并没获得理想的效果。显然，磷

并非萤火虫发光的原因，尽管人们有时把磷光称为荧光。这个问题的答案肯定不在这里，而是另有原因。

萤火虫能够随意地散布它的光亮吗？它能否随意地增强、减弱、熄灭其亮光？它怎么做的呢？它有没有一个不透明的屏幕朝着光源，把光源或遮住或暴露呢？现在，我们对这个问题已很清楚，萤火虫并没有这样的器官，这样的器官对它来说是没有用的，它拥有更好的办法来控制它的明灯。若想增强光的亮度，遍布光化层的光管就会加大空气的流量；如果它把通气量减少甚至停止供气，光度就变弱，甚至灯会熄灭。总之，这个机理犹如油灯的机理一样，其亮度是由空气进入灯芯的量来加以调节的。

某种激动会引发气管的运作，灯也就亮了。需要加以区别的是光带和尾灯这两种情况。其一，发光的是那漂亮的宽带，亦即已到婚育年龄的雌性萤火虫的独特饰物；其二，也就是那盏尾灯，萤火虫无论雌雄，无论长幼，都在其最后一个体节上点着一盏小灯。在这后一种情况下，由于突然的惊恐不安，萤火虫的情绪发生变化，这盏尾灯或完全地或近乎完全地熄灭。我在夜晚曾经捕捉过萤火虫，眼见那盏尾灯在草上发着亮光，可是，只要我稍不留神，碰着了那棵草，草一晃动，灯立即就熄灭了，我想要捕捉的这只昆虫也就不见了踪影。但是，发育完全的雌性萤火虫身上的宽光带，即使受到惊吓，也毫无影响，照样亮着。

我捉了几只雌性萤火虫，把它们关进笼子里，放到屋外，笼子旁边放了一把枪。我放了一枪，但枪声并未产生效果，宽带依旧在发光，与没有放枪前一样明亮。然后，我又用喷雾器把水雾喷洒到它们身上，它们身上的光带依然光亮闪闪，没有一盏灯熄灭，顶多也就是亮度上有短暂的减弱而已，而且也只是个别的雌性萤火虫这样，并不是每只都如此。我猛抽了一口烟斗，把烟吹进笼子里，光带的亮度倒是更弱了，甚至灭了一会儿，但时间非常短暂。很快，萤火虫便平静下来，恢复了常态，灯又亮了起来，而且比先前还要明亮。在这之后，我又用指头抓住它，把它翻过来掉过去地折腾，又轻轻地摆弄它，只要捏得不太重，它照旧在发光，亮度也保持不变。即将处于交尾期的萤火虫，对于自己灯的光亮十分沾沾自喜，没有极其严重的情况发生，它们是不会把自己的灯完全熄灭的。

从各种实验的结果来看，极其明显的是，萤火虫是自己在控制着其身上的发光器，它可以随意地使之或亮或灭。不过，在某种情况下，有无萤火虫的调节都无关紧要。我从其光化层上弄下来一块表皮，把它放进玻璃管里，用湿棉花把管口堵住，免得表皮过快地蒸发干了。只见这块表皮仍在发光，只不过其亮度不如萤火虫身上那么强而已。在这种情况下，有无生命并不要紧。氧化物质，亦即发光层，是与其周围空气直接

接触的，无须通过气管输入氧气，它就像是真正的磷一样，与空气接触就会发光。还应该指出的是，这层表皮在含有空气的水中所发出的亮光，与在空气中所发出的亮光的强弱一样。不过，如果把水煮开，沸腾，没了空气，那么表皮的光就熄灭了。这就更证明了萤火虫的发光是缓慢氧化的结果。

萤火虫发出来的光呈白色，很柔和，但这光虽然很亮，却不具有较强的照射能力。在黑暗处，我用一只萤火虫在一行印刷文字上移动，可以清楚地看出一个个字母，甚至可以看出一个不太长的词儿来，但是，在这小小的范围之外的一切东西，就看不见了，因此，夜晚以萤火虫为灯看书，那是不可能的。

如果把一群萤火虫放在一起，彼此紧挨着，每只萤火虫都放着光，那么它的光就会通过反射而可以照亮旁边的萤火虫，我们似乎也就能够看清一只只的萤火虫了。但是，事实又并非如此。这群萤火虫只是杂乱无章地聚集在一起，就算彼此离得很近很近，我们也无法看清萤火虫的模样来，因为这所有的亮光把萤火虫全都混在了一起，成了模模糊糊的一片。

我通过照相技术非常清楚地证实了这种情况。我用钟形金属网罩罩住二十来只充分发光的雌性萤火虫，把它们置于露天地里。罩子里，有一丛百里香插在其中央，形成一片小林子。夜晚时分，那二十来只雌性萤火虫全都爬到罩子顶上去了；它们在竭力朝各个方向展示它们那发光的服饰。因此，沿着百里香小枝形成了一串串的花序。我指望这一串串花序能够对相板和相纸产生作用，但是，我却未能遂愿，只得到了一些不成形的白色斑点，根据萤火虫群体的不同情况，有些地方浓些，有些地方浅些，而萤火虫的模拟斑点却一点也没有显现，连百里香丛的痕迹也没有显现出来。因缺乏充足的光照，美妙如画的光彩只显现出一团模糊不清的黑乎乎的水浆似的东西来。

由此看来，雌性萤火虫的灯光并不是用来照明的。那么，它到底是干什么用的呢？我想，它是用来召唤情郎的。但是，雌性萤火虫的灯是在其肚子下面冲着地面发光的，而雄性萤火虫则是在随意乱飞，它是在上面、在空中，有时是在老远的地方往下看的，应该说它是看不见雌性萤火虫那盏灯的。但是这种不正常的情况却被巧妙地予以纠正了。雌性萤火虫自有其高明的调情手段。每天晚上，天完全黑下来的时候，被我拘于钟形罩里的囚徒们就来到我用来作为监狱的百里香丛中。到了这个花丛中，它们便爬到显现得很清楚的细枝上，不像在灌木丛下时那样老老实实、安安生生地待着，而是在那儿做着激烈的体操运动，一个个把小屁股扭来扭去，一颠一颠地，朝这边扭一下，再朝那边扭一下，把灯光向各个方向打去，这么一来，寻偶求欢的雄性萤火虫从附近经过时，无论是在地上还是在空中，肯定都能看到这盏随时都在亮着的灯。这一招儿，有点像捕捉云雀的旋转镜子的运作方式。这面旋转小镜静止不动时，

云雀对它并无什么反应，但是，它只要一旋转起来，把它的光弄成了迅速闪动的碎裂的光亮，云雀见了就会激动起来。

雌性萤火虫自有其召唤求欢者的绝招，而雄性萤火虫也不甘示弱，它有一种光学器具，能够老远就看到雌性萤火虫那盏灯所发出的最微弱的光。其护甲胀大成盾形，大大地超出了头部，像帽檐或灯罩似的伸向前去，它的作用就在于缩小视野，把目光集中于需识别的光点上去。而在其颅顶下面，长着两只大眼睛，非常鼓凸，呈球冠形，彼此接近，中间只有一条狭窄的槽沟，以便收放触须。它的这个复眼几乎占据了它的整个面孔，缩在大灯罩所形成的空洞里，真像库克普罗斯的眼睛。

雌雄萤火虫交配的时候，那盏灯的灯光会变弱，几近熄灭，只有尾部那盏小灯还亮着。春暖花开、暖意融融的时节，田野里，昆虫们都在求欢寻爱，低吟婚庆颂歌，陶醉于男欢女爱之中，萤火虫的这盏尾灯虽能通宵达旦地亮，也没有哪位去注意它的，不会发生任何危险。待交配完毕，萤火虫便立刻产卵，它们并无夫妻感情，没有什么家庭观念，没有慈母之爱，它把白白的圆圆的卵产在——或者更确切地说是抛撒在——随便什么地方。

有一点却非常奇怪：萤火虫的卵，甚至还在其母体内时，就是发光的。如果我在捕捉时，一不小心，捏破了雌性萤火虫那装满了卵的肚子，就会看到一道道汁液，闪闪发光地流在了我的指头上，好像我把一只装满磷液的囊给捏破了似的。我用放大镜仔细地进行了观察，确实是被挤出卵巢的虫卵所发出的光亮。此外，将要临产时，卵巢里的荧光已经显现出来了，雌性萤火虫肚皮表面已经在透出一种柔和的乳白色的光。

卵产下不久就会孵化。萤火虫幼虫雌与雄的尾部都有一盏小灯。寒冬将至时节，幼虫会到地下不太深的地方，顶多也就三四寸深。我在大冬天里，从地下挖出过几只幼虫，发现它们的尾灯一直亮着。四月将要来临，天气转暖，幼虫便钻出地面，继续完成其演化过程。

总而言之，我通过观察研究得知，萤火虫自生下来之日起，一直到寿终正寝时止，都一直在发光。它的卵在发光；它的幼虫在发光；雌性萤火虫亮着的是华丽的灯；雄性萤火虫保留着幼年时期的那盏已有的小灯。对于雌性萤火虫光带的作用，我可以说是已经有所了解了，但是，它的尾灯又是干什么用的呢？我很遗憾地说，我尚不得而知。昆虫物理学要比我们书本上的物理学更加深奥，这个问题可能在很长的时间里，甚至在永远的将来，也都会是个不解之谜。

红蚂蚁

如果把鸽子运到几百里远的地方，它会自己返回自己的鸽舍里；燕子能从它在非洲的居住地飞越大海，重新回到自己的旧巢里去。在这么漫长的旅途中，它们依靠什么来寻找方向呢？是依靠视觉吗？《动物的智慧》一书的作者、睿智的观察家图塞内尔，对自然状态下动物的了解可谓独此一家，他认为是视觉和气象在指引信鸽寻找方向。他在书中写道："法国的这种鸟凭借自己的经验获知，严寒源自北方，炎热来自南方，干燥生于东方，潮湿出自西方。它具有足够的气象知识，可以为自己辨别方位，指导飞行。放在用盖子盖住的篮子里的鸽子，从布鲁塞尔运到法国南部的图鲁兹，它们是绝对不可能用自己的眼睛把自己所经过的地方记录下来的，但是，没有人能够阻止它们根据对大气热度的印象，感觉到自己是向南方走去。等到到达图鲁兹之后，它便知道自己的鸽舍是在北方，应往北边温度较低的地方飞去，于是，它们便一直朝这个方向飞着，直到飞抵的空域的平均温度是它所居住的区域的温度时，才会停止飞翔。如果它未能立刻找到自己家门的话，那就说明它不是飞得偏左了，就是飞得偏右了。这时候，它只需往东边或往西边寻找一番，花上几个小时，就可以把自己飞行路线上的偏差纠正过来了。"

如果位置的移动是北—南方向，那么这个解释就非常诱人，但这个解释却不适用于在等温线上的东—西方向的移动。另外，这种解释存在着一大缺点：它无法推而广之。猫穿过第一次来到的城市的大街小巷组成的迷宫，从城市的一端跑到另一端，回到自己的家中，这就不能归之于视觉的作用，也不能说是气候变化的影响。同样，我的石蜂也不是凭着视觉的指引，特别是当它们在密林中被我放出来时，它们飞得不太高，离地面只有两三米，没有可能看清这个地方的全貌，以便在脑海中绘出图来。它们被放飞之后，只是稍加犹豫，在我身边绕了几圈，便朝北边飞去。尽管密林深处树木繁茂，枝叶交错，尽管丘陵迤逦，连绵不断，它们顺着离地面不高的斜坡往上飞，越过一切障碍。视觉指示它们避开了种种障碍，但却并未告诉它们应往哪个方向飞。至于气候，也起不了作用，因为在这么短的几千米的距离之内，气候是没有什么变化的。即使

它们的方位感很强，可它们的巢穴所在的地方与放飞地点的气候完全一样，冷热干湿的变化不大，所以它们对往何处飞去并无把握。我在想，一定是有着一种什么神秘的东西在指引着它们，它们肯定具有我们人类所不具有的特别的感觉。达尔文的权威无人藐视，他也持这一观点。想了解动物对电是不是具有感应作用，想了解动物是不是受到紧贴于身的一根磁针的影响，这不就是在承认动物具有一种对磁性的感觉吗？我们人类有这样的感官官能吗？当然，我说的是物理学的磁力，而不是梅斯梅尔或卡廖斯特罗所说的所谓磁力。

这种未知的感官官能是否存在于膜翅目昆虫身上的某个部位，以某个特殊的器官来感知的呢？我们立刻便会想到它的触角。当我们对昆虫的习性不甚了解时，总是把它的怪异行为归之于它的触角，认为它的触角上一定有什么我们所不了解的特殊的东西存在。可是，我完全有理由对触角具有指示方向的能力表示怀疑。当毛刺砂泥蜂在寻觅昆虫时，它的确是用自己的触角在不断地拍打着地面，如同用手指轻弹地面一样。但这种仿佛在引导昆虫捕猎的探测丝大概并不可能被用来指引昆虫的飞行方向。为了搞清这个问题，我做了一些实验。

我把几只高墙石蜂的触角尽量齐根剪去，然后，把它们弄到别处去放飞，可它们像其他石蜂一样，很容易就回到自己的巢里了。我还以同样的方法对我们这一地区最大的节腹泥蜂

（栎棘节腹泥蜂）进行了实验。这种捕食象虫的泥蜂也同样很容易就回到了自己的居所。因此，我便把触角具有指示方向官能这种假设给抛弃了。那么，昆虫的这种感觉官能究竟存在什么地方呢？这我并不知道。

我所知道的，而且是通过实验清楚地知道的，就是没有了触角的石蜂，回到自己的蜂房之后并不恢复工作。它们只是一味地在自己所建造的建筑物前飞来飞去，在石子上歇息，在蜂房的石井栏边停一停。它们仿佛是在那儿悲苦地沉思默想，久久地凝视着那尚未完工的建筑物。它们离开了又回来，把周边的所有不速之客统统赶走，但它们再也不会去运送蜜浆或灰泥了。第二天，我没有再见到它们，不知它们去了哪里。工人没有了工具，哪儿还有心思干活儿？石蜂在垒屋砌窝时，总是用触角不停地拍打着、探测着、勘探着，仿佛依靠自己的触角把活儿干得精细完美。触角就是它们的精密仪器，如同建筑工人的圆规、角尺、水准仪和铅绳。

我一直在用雌性昆虫做实验，它们出于母性，对窝的建造更加忠实卖力。如果用雄蜂做实验，把它们弄到别的地方，会出现什么情况呢？我原本对这些情郎并不看好。它们有这么几天工夫，围着蜂房乱哄哄地飞来飞去，等着雌蜂从蜂房出来，你争我夺，争风吃醋，然后，你就再也见不着它们的踪影，它们根本不去过问房屋居室盖到什么程度了。我就在想，对于

雄蜂来说，留在出生的蜂房或去别处安家，有什么大不了的，只要那儿可以找到妻子或情人就可以了！可是，我想错了，错怪了它们，雄蜂回到蜂房里来了。我考虑到雄蜂身体弱小，没有把它们弄到很远的地方去放飞，只让它们飞了一千米左右的路程。不过，尽管路途不算遥远，但对于雄蜂来说，这仍然是从陌生之地起飞的一次远程航行，因为我还从未见过雄蜂飞过这么长的距离。

有两种壁蜂——三叉壁蜂和拉特雷伊壁蜂——也同样飞到我的荒石园昆虫实验室的蜂房里来。它们在石蜂留下的洞穴里建房搭窝，来得最多的是三叉壁蜂。这是探究这种定向感觉在多大程度上遍及膜翅目昆虫的大好机会。的确，三叉壁蜂无论雌雄都知道返回窝里。我进行了一些短距离的实验，用的蜂不多，实验的结果与其他实验的结果相同，因此，我对自己的结论完全信赖。总之，加上我以往所做的实验，得出的结论是，有四种昆虫能够返回自己的窝里，它们是棚檐石蜂、高墙石蜂、三叉壁蜂和节腹泥蜂。我可否就此而将我的这一结论推而广之，认为昆虫就是具有这种从陌生的地方返回自己的家园的能力呢？我还不敢这么说，因为据我所知，下面的一种相反的结果就很能说明问题。

在我的荒石园昆虫实验室里，有许多实验品，首推红蚂蚁。这种红蚂蚁犹如捕猎奴隶的亚马孙人，他们不善于哺育儿女，不会寻找食物，即使食物就在身边也不会去拿，必须依靠仆人们伺候她们进食，帮他们料理家务。红蚂蚁就是这样，专门去偷别人的孩子来伺候自己家族。它们抢掠邻居家的不同种类的蚂蚁，把别的蚂蚁的蛹掠到自己的蚁穴里来，不久之后，蛹蜕了皮，就成了红蚂蚁家中拼命干活的奴仆了。

炎热的夏季来到时，我经常看见这些"亚马孙人"从它们的营地出发，开始远征。这支远征的队伍竟长达五六米。如果沿途未遇见什么引起它们注意的事情，那它们的队形就始终保持不变；但是，如果突然发现了蚂蚁窝的话，前排打头的红蚂蚁就立刻停下脚步，变成散兵队形，乱哄哄地围成一团打转。这时候，后面的红蚂蚁便聚到这个蚁团中来，越聚越多。一些侦察尖兵被派出去打探，如果发现情况搞错了，它们便恢复原来的队形，继续前进。它们穿过园中小路，消失在草地中，但一会儿又在稍远点的地方出现了，然后又钻进枯枝败叶堆里，再大模大样地钻出来，就这样一直在寻寻觅觅。最后，终于发现了一个黑蚂蚁窝，红蚂蚁就急不可待地闯入黑蚂蚁蛹穴里去，不一会儿，携带着各自的战利品纷纷爬出来。有时候，在这地下城市的城门口，遇上黑蚂蚁在守卫着，一方要尽力守护自己的财产，另一方则势在必得，双方混战一场，场面颇为惊心动魄。由于敌我双方力量的悬殊，胜利者当然是红蚂蚁。这帮强盗，一个个用大颚咬住黑蚂蚁的蛹，急急忙忙地往回家的

路上赶。不了解奴隶制的读者，可能对这种亚马孙人的抢掠故事感兴趣，可我却不想多谈这种事情，因为这个故事与我想要讲述的昆虫返回窝巢的主题有所偏离了。

抢掠蚁蛹的红蚂蚁的运输距离之远近，取决于附近有没有黑蚂蚁。有时候，十几步路的地方就有黑蚂蚁穴，有时候则必须跑到五十步，甚至一百步开外的地方去寻找。我只看到过一次红蚂蚁远征到园子以外的地方去。它们爬上园子那四米高的围墙，翻过墙去，一直爬到远处的麦田里。至于要走什么样的路，这支征服大军并不在意。荒芜的不毛之地、绿草茵茵的草坪、枯枝败叶堆、砖石建筑、杂草丛等，它们都可以爬过去，并不挑挑拣拣，有所偏好。

然而，返回的路却是不可改变的，必须原路返回，无论原路是多么曲曲弯弯，高低不平，是否难行。由于捕猎的必然性，红蚂蚁往往要经由十分复杂难行的路途，但即便如此，它们在获得战利品返回家园时，仍旧是走原先来时的路，即使原路艰险万分，它们也始终不渝，绝对不会改变路线。

如果它们去时经过的是厚厚的枯叶堆，那对它们来说，就等于是满地深渊的地带，稍有不慎，一失足便掉进深渊里了。一旦掉到很深的凹处，往上爬到摇摇晃晃的枯枝桥上，然后再走出这小路纵横交错的迷宫，红蚂蚁就得累个精疲力竭，浑身散架。即使这样，它们仍旧是死心塌地地沿着原路走。如果想偷点懒，旁边就是一条好走的道，十分平坦，而且离原路只一步之遥，可是，它们就是看不到这仅仅一步之隔的平坦大道。

有一天，我发现它们又出发去抢掠了，在池塘砌起的护栏内边排着长队往前挺进。头一天，我已经把池塘里的两栖动物换成了金鱼。突然间，一阵强劲的北风吹袭过来，从侧面狠狠地吹刮着它们，把好几排兵丁刮落到池塘中去。金鱼一见，立刻加速游了过来，张开那对于红蚂蚁来说深如巷道的大嘴，把落水者全都吞进肚里。天有不测风云，红蚂蚁大队尚未越过天堑，便伤亡惨重。我心里在想，它们归来时应走另一条道，何必非要经由这致命的悬崖峭壁呢？但情况并非如我所料。大颚里咬着黑蚂蚁蛹的长队伍仍然是原路返回，尽管明知这条路崎岖艰难，有致命的危险。这对金鱼来说，倒是再好不过的了，它们得到了从天而降的双份食物：红蚂蚁和它的猎物。这不可理喻的顽固的红蚂蚁大队，宁愿损兵折将，也非要原路返回。

这帮"亚马孙人"之所以这么固执，看来是因为它们有时出外抢掠的路途较远，如果不原路返回，很可能迷路，回不了家。松毛虫从窝里出来，爬到另一根树枝上去寻找更合适的可口的树叶时，在自己走过的路上留下丝线，然后再沿着这条丝线回到自己的家中。这就是远行时会遇到迷路的危险的昆虫所

能够使用的最基本的方法：一条丝线把它们带回家。比起松毛虫极其简单幼稚的寻路方法来，我们对于依靠感官定向的石蜂以及其他一些昆虫的了解就非常少了。

红蚂蚁这种抢掠者虽然也属于膜翅目类，可它们出外返家的办法却是少得可怜。这从它们只知从刚刚走过的路往回返就可以看得出来。它们是不是在某种程度上仿效松毛虫的办法呢？当然，它们沿途并不会留下指路的丝，因为它们身上并没有这样的器官。那么，它们会不会一路上散发出某种气味，譬如甲酸味什么的，以便通过嗅觉引导方向？许多人是持有这种看法的。

据说，蚂蚁就是通过嗅觉来辨别方向的，而它的嗅觉就在它那始终动个不停的触角上。我对这种看法持有怀疑。首先，我并不相信嗅觉会存在于触角上，其理由我已经提到过了；再者，我希望通过实验来证明红蚂蚁并不是依靠嗅觉来辨别方向的。

我时间很紧，没工夫一连几个下午去观察我的那些"亚马孙人"大队的出发，而且，即使浪费了这么多时间去跟踪观察，往往也无功而返。可我有一个小助手，她没我那么忙，她名叫路易丝，是我的小孙女，我每每跟她讲述蚂蚁的故事时，她都很感兴趣，而且还刨根问底。我把任务交给她时，她高兴得什么似的，对小小年纪就能为科学做出贡献感到十分自豪。

于是，天气晴朗时，她便满园子跑，寻找红蚂蚁，监视红蚂蚁，仔细辨认它们列队前去打劫黑蚂蚁窝的路径。她这已不是第一次充当我的小助手了，对她的认真负责，我是非常放心的。有一天，我正在记笔记，听见有人嘭嘭地直敲我的书房门：

"是我，路易丝，快来，爷爷，红蚂蚁爬到黑蚂蚁窝里去了。快来呀！"

我连忙打开房门，问她道："你看清楚它们走的路了吗？"

"看清楚了，我还做了记号哩。"

"做了记号？怎么做的？"

"像小拇指那样做的呗，我把小白石子撒在红蚂蚁走过的路上。"

我赶忙跟着她跑到园子里去。没错，我的六岁的小助手说得没错。她事先准备好了一些小白石子，看到红蚂蚁大队人马浩浩荡荡地列队走出兵营，她便跟随其后，在它们行经的路上，隔一段撒上点小白石子。这帮"亚马孙强盗"打劫抢掠之后，便开始沿着小白石子所标示的那条路返回来。打劫地点与它们的家相距百米。这样一来，我便有时间进行事先利用空闲所策划的实验了。

我抄起一把大扫帚，把红蚂蚁的行军路线扫得干干净净，扫出的路面有一米宽，路面上的浮土全都扫尽，撒上点别的粉状材料。如果原先的浮土上留有红蚂蚁的气味的话，现在，浮

土扫尽，粉状材料已经更换，红蚂蚁肯定会被弄得晕头转向，辨别不清方向。我把这条路的出口处分割成彼此相距几步远的四个路段。

现在，红蚂蚁大队来到第一个被切割开的地方，它们明显在犹豫。有的在往后退去，然后又返回来，接着又往后退去；有的则在切割开的部分的正面徘徊彷徨；有的就在侧面散开来，似乎想要绕开这个陌生的地方。蚁队的先头部队一开始是聚集在一起的，结成一个有几十厘米的蚁团，然后就散开，宽度有三四米。这时候，后续部队也拥上前来，在这障碍物前越聚越多，相互堆挤在一起，乱哄哄一片，茫然不知所措。最后，有几只大胆的红蚂蚁，毅然决定冒险走上那条被扫过的路，其他红蚂蚁随后便跟了上来；与此同时，有少数红蚂蚁则绕了个弯，也走上了原先的那条路。其后面的那几个切割路段，它们同样也这么犹豫来犹豫去的，但最终，或直接地，或从侧面绕着，都走上了来时的那条路。我虽然设下了圈套，扫清道路，分段切割，但红蚂蚁最终还是沿着有小白石子标示的那条来时路返回去了。

这个实验似乎说明红蚂蚁的嗅觉确实是在起作用。凡是在被切割的路段，红蚂蚁四次都同样表现出犹豫不决来，但它们最后还是踏上了原路，回到家中。这也许是我清扫得还不够干净彻底，一些有味道的浮土仍然残留在原来的那条路上。绕过扫干净的地方走的红蚂蚁，有可能是受到扫到一旁的浮土的气味所指引。因此，我还不能急着下结论，在表示赞成或反对嗅觉起作用之说以前，我必须在更好的条件之下，再进行实验，必须把它们留在一切材料上的气味全部消除干净。

几天之后，我认真细致地制订了新的计划。小路易丝又帮我去进行观察。很快，她就跑回来向我报告，说红蚂蚁出洞了。这我并不感到惊讶，因为时值六月，下午天气闷热难耐，特别是大雨将要来临，红蚂蚁很少不爬出洞外来的。我仍旧把小白石子撒在红蚂蚁走过的路上，撒在我选定的最有利于实现我的计划的地方。我把一根作为园子浇水用的帆布管子接到池塘的一个接水口上，把阀门打开；红蚂蚁经过的路径被管子里的汹涌喷射出来的水给冲断了，冲出一个一步宽的大缺口，冲出好远好远去。我就这么猛冲了有一刻钟的工夫。然后，当红蚂蚁抢掠归来，走近这儿时，我减缓水流的速度，减小水层的厚度，免得让它们过于费劲乏力。如果这帮强盗必须经由原路返回的话，那它们就必须越过这一巨大的障碍。

红蚂蚁的先头部队在这个大缺口前犹豫了很长很长的时间，后面的红蚂蚁们有足够的时间赶上前来，与排头兵们聚集在一起。只见它们最后利用露出水面的卵石，走进了激流；然后，脚下的基础没有了，那些最大胆最勇敢的便被流水卷挟而去，但它们的大颚仍旧紧紧地咬着，不肯丢弃自己的猎获物，

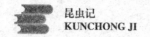

就这样随波逐流，最后被冲到凸出的地方，又到了河岸边，重新找寻可以涉水渡河的地方。地上有几根麦秸秆儿被冲得到处都是，这便是红蚂蚁需要爬上的摇晃不稳的独木桥。有一些橄榄树的枯枝，被咬着猎获物的乘客们当作木筏。有一部分最勇敢的红蚂蚁，靠着自己的胆量，也靠着好运气，没有利用任何渡河工具，涉水而过，爬上了对岸。我看到有些红蚂蚁被水流卷带到此岸或彼岸两三步远的地方，看上去它们非常焦急，不知如何是好。在这支溃散部队的一片混乱惶恐之中，在遭到这个灭顶之灾的时候，我没发现有哪一只红蚂蚁把嘴里的猎获物丢弃。它们是宁可死也绝不丢掉战利品的。总而言之，它们总算渡过难关，勉勉强强、凑凑合合地战胜了激流险滩，而且是从规定的路线渡过去的。

在这之前，湍急的水流已经把路段清洗干净，而且，在它们忙于渡河的时候，仍不断地有新的水流流过，因此，我觉得，经过我这么一折腾，路上留下的气味应该是没有了，这个问题可以排除在外了。如果这条路上有丁酸味道，我们的嗅觉也嗅不出来，至少在我所说的条件下感觉不出来。现在，我来用一件更加强烈而且我们可以嗅得出来的气味来代替，看看会出现什么情况。

我来到第三个出口处，在红蚂蚁必经之路上，拿几把薄荷叶把地面擦拭了一番。这薄荷叶是我刚从花坛里亲手摘的，很新鲜，气味挺浓。在路的稍远处，我又用薄荷叶铺在地上。红蚂蚁抢掠归来，经过用薄荷叶擦拭过的地方时，没有显出担心、犹豫，而来到薄荷叶覆盖着的地段时，也只是稍加犹豫，便毅然决然地走了过去。

经过这两次实验——用水冲刷路面的实验和用薄荷叶改变气味的实验——之后，我觉得，再认为是嗅觉在指引蚂蚁沿着原路返回家园的，那就没有道理了。我再做一些别的测试，我们就会明白了。

现在，我对地面未加改变，而是用几张很大的纸张，横铺在路面上，用几块小石头把它们压住，弄平。这块纸地毯彻底地改变了道路的外貌，但丝毫没有去掉可能会有的气味。红蚂蚁爬到这纸地毯面前，犹豫不决，疑惑不解，比面对我所设下的其他圈套，甚至激流，都要更加犹豫不决。它们从各个方面探查，一再地前进，后退，再前进，再后退，最后才铤而走险，踏上了这片陌生的区域。它们终于穿越了纸地毯。通过之后，大队人马又恢复了原先的行进行列。

我在稍远处还设下一个圈套，在静候着这帮"亚马孙人"抢掠大军。我用一层薄薄的细沙把路给切断，而这条路原本是浅灰色的。道路颜色这么稍加改变，就会让红蚂蚁颇费一番踌躇。它们在这层薄薄的黄沙面前就像先前面对纸地毯一样，犯起嘀咕来，不过，它们犹豫的时间并不长，很快，就毅然决然地

穿越了眼前的这道障碍。

　　无论是黄沙铺地还是用纸铺成地毯，都没有使来时路上的气味消失掉，但红蚂蚁走到这些障碍面前时，都要先犹豫再三，停止前进，这就说明并不是嗅觉而是视觉使它们最终找到了回家的路。没错，是视觉在起作用，只不过它们的视力十分微弱，只要移动几个卵石就能改变它们的视野。由于它们近视得厉害，所以，一条纸带，一层薄荷叶，一层黄沙，甚至更加微小的改动，对它们来说，简直就是面目全非，致使这些兴冲冲带着战利品班师回朝的抢掠大军焦急不安地在这陌生地带举步不前，徘徊彷徨。最终之所以还是穿越了这些可疑的地区，那是因为它经过反复尝试，企图穿过这片经过加工改造的地带的过程中，有几只蚂蚁终于认出了前面有些地方是它所熟悉的，而其他的蚂蚁对这些视力较好的同胞十分信赖，便跟着它们穿了过去。

　　当然，光靠这么点微弱的视力还是不够的，这些亚马孙强盗还具有精确的记忆力。蚂蚁还有记忆力？那它们的记忆力是怎么回事？它们的记忆力跟我们的有何相似之处？对于这些问题，我无从回答，但是，我可以明确地说，昆虫对于自己到过一次的地方是记得很准确的，而且还记得非常牢。这一点我可没少发现。我甚至还观察到这样的情况：红蚂蚁抢掠的猎获物太多，一趟搬不完，或者，这支远征军发现某处黑蚂蚁非常非常多。于是，第二天，或者第三天，它们还会进行第二次远征。在第二次同一条线路的远征中，大队人马无须沿途寻找，而是直奔目的地。我曾经沿着两天前这支抢劫大军所走过的那条路撒下小石子作为标记，我惊奇地发现它们走的是同一条路，走过一个石子又一个石子。我事先就在推测，它们会根据我所做的路标，沿着我的石桥墩向前迈进。情况果然如此，没有出现什么大的偏离。

它们所走的路是两三天前的路，路上留下的原有的气味应该已经散尽，不可能保持这么久的。所以我得出结论，是视觉在引导远征的红蚂蚁们。当然，除了视觉之外，还有它们对地点的极其准确的记忆。而它们的这种记忆力强到能把印象保留到第二天，第三天，甚至更久。这种记忆力极其精确，因为它在引导红蚂蚁穿越各种各样的地形地貌，沿着前一天或前几天所走过的路返回家园。

如果遇到不认识的地方，红蚂蚁会怎么办呢？除了对地形的记忆以外（在此，记忆力已于事无补，因为我假设这个地区还没有被探测过），它们会不会像石蜂那样，即使是在小范围内也有指向能力呢？能不能返回自己的居所，或者跟正在行进的大队会合呢？

这支抢掠大军并未搜寻园子里的角角落落。它们尤为喜欢探索的是北边，毫无疑问，在北边抢劫的收获最大。所以，

它们的大队人马通常总是向北边开拔。在南边，我却很少见到它们光顾。因此，它们对园子的南边即使不是完全不认识，起码也是不如对北边那么熟悉。在作了这番交代之后，我们一起来观察，红蚂蚁在这片它们不太熟悉的地方会有什么样的表现。

我守候在红蚂蚁穴旁边。在大队人马抢掠归来的时候，我把一片枯叶放在一只蚂蚁面前，让它爬到叶子上面去。我没有去碰它，只是把它运送到离长长的队伍有两三步远的地方去，当然是往南边的两三步远处。这么远的距离，又是它所不熟悉的环境，它立刻便晕头转向了。我看到这只小红蚂蚁被放到地上之后，漫无目的地在寻觅着，茫然不知所措，但是，嘴里的战利品并没有抛弃。只见它急匆匆地奔跑着，与自己的同伴的距离越来越远，可它还以为是在追赶队伍哩。不一会儿，它又折返回来，又走远去，东边试探一番之后又转向西边，向四面八方去探寻，但总也找不对路。其实，它的同伴们就在离它两步远的地方在向前挺进。我还记得有几只这样的迷路者，左寻寻右觅觅，忙活了半个小时，又急又慌，始终走不上正道，而是越离越远，但大颚仍旧咬着黑蚂蚁蛹不放。它们后来的结局是什么？它们把它们的战利品如何处置了？我没有时间也没有耐心一直跟踪这几个迷路的强盗。

这种膜翅目昆虫显然没有其他膜翅目昆虫所具有的指向

感觉。它们只不过是能够记住所到之处而已，除此之外，没有其他方面的特长。只要让它偏离主路两三步远，它就会迷失方向，无法与家人团聚；而石蜂则不然，即使飞越几千米，也能找准方向，这难不倒它。这种奇妙的感官只有几种动物才具有，而我们人却并不具备，我曾经对此深感惊讶。人与这几种动物在这个方面的差别竟然如此之大，引起人们的争议。现在，这种差别已不复存在，进行比较的是两种十分相近的昆虫，两种膜翅目昆虫，它们之间竟然也有这么大的差异！如果它们是从一个模子里出来的，那为什么一种膜翅目昆虫具有某种官能，而另一种膜翅目昆虫却并不具有呢？多了一个官能，这可非同小可，比起器官上的某个小问题来，这可是非常重要的特征啊！我对此不甚了了，我盼着持进化论者能向我提供一个站得住脚的理由来。

我前面已经看到了这种对准确地点的惊人的记忆保持得那么久而且记得那么牢，那么，这种记忆力到底好到什么程度，竟然能把印象铭刻在心里？红蚂蚁需要多次走过或者只要一次远征就能知道沿途的地形地貌吗？它所走过的路线是不是一下子就深印在它的记忆之中了？红蚂蚁在出动去抢掠黑蚂蚁窝时，它们并没有固定的目标，是随心所欲地这么往前走的，边走边搜索，所以它们想往何处去搜寻猎物，我们无从干预。现在，让我们一起来观察一下其他膜翅目昆虫是怎么做的吧。

　　我选定蛛蜂作为观察对象。我在此不准备专门介绍蛛蜂的习性。它们捕食蜘蛛和掘地虫。它们先抓住猎物，把它麻醉之后，留给未来的幼虫当作食粮，然后再建住所。如果携带着沉重的猎物去寻找适合筑窝建巢的处所，那是极其困难，很不方便的，因此，它便把猎获的蜘蛛什么的存放在草丛或灌木丛这样高一些的地方，以防不劳而获、坐享其成的其他昆虫，尤其是蚂蚁，趁自己不在时，把猎物给蚕食或糟蹋了。把猎物存放好之后，蛛蜂便去寻找一处合适地点，挖洞穴，筑窝巢。在建房造屋的过程中，它仍会时不时地飞去看看它存放的猎物；轻轻地咬一咬、拍一拍猎物，似乎因获得如此丰盛的食物而沾沾自喜，乐不可支；然后，它又回到建筑工地，继续挖洞建房。如果它觉得情况有点不对头，它不仅会去探看猎物，还会把猎物搬到离建筑工地近一些的地方来，当然，仍旧是存放在较高的地方。蛛蜂确实是这么做的，所以我可以利用这一特点去了解一下它的记忆力究竟好到什么程度。

　　当蛛蜂在地下忙着挖洞筑巢的时候，我便把它的猎物拿走，放在离原存放点仅半米远的空旷处。不一会儿，只见蛛蜂飞过来查看自己的猎物了，它径直飞向存放点。它对所走的方向非常有把握，对存放点记得非常清楚，这很可能是它此前曾多次来过这儿的缘故。我没见它以前来过，所以对此不敢妄加推测。总之，蛛蜂一下子就找到了存放猎物的草丛。它在草丛上走过来走过去，仔细查找猎物，多次回到存放猎物的那个点。最后，它确信自己的猎物已不翼而飞，便用触角拍打地面，慢慢地在存放点四周再仔仔细细地搜寻，终于发现猎物就在一旁不远处的一个空旷的地方。它觉得莫名其妙，非常惊讶。它朝猎物走去，突然猛地一惊，往后直退。猎物是活的还是死的？是我刚才捕获的那个猎物吗？它那模样好像是在作如是想。其实并不是这么回事。

蛛蜂只犹豫了不大的一会儿，然后便咬住猎物，倒退着拉住它，把它拉到离第一次的存放点两三步远的植物丛里，存放在高处。接着，它回到工地，又挖了一段时间。我趁它返回工地时，再一次把它的猎物移换了位置，把它放在离存放点稍微远一点的光秃秃的空地上。这种情况很适合评判蛛蜂的记忆力，已经有两个草丛作为它的猎物存放处了。第一个草丛，蛛蜂十分准确地回到了那里，这很有可能是因为这个存放点它已来过多次，有较深的印象，但我并未观察到；而对第二个草丛，它的记忆中肯定只有一点肤浅的印象，它并没经过仔细观察，便选定了，只是匆匆忙忙地把猎物挂在草丛高处，便急急忙忙地返回工地去了。这第二个存放点是它第一次看到，而且是经过时匆忙看到的。这么匆匆一瞥，它能记得很准确吗？另外，在昆虫的记忆中，两个地点现在可能被搞混淆了，第一个存放点跟第二个存放点会让它不知谁先谁后。它究竟会往哪儿去探

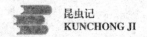

看呢?

我们很快就能知晓结果。蛛蜂已离开洞穴,再一次去查看自己存放的猎物。它径直奔向第二个存放点,在那儿找了很久,怎么也找不到自己的猎物。它知道自己明明就是把猎物存放在那儿的,怎么会找不着呢? 它继续在那儿寻找着,根本没有打算回到第一个存放点去看看。对于它而言,第一个存放点已不复存在,它关心的只是这第二个存放点。只见它在原地找个遍之后,又往四周继续寻过去。

它终于在那个光秃秃的空旷地找到自己的猎物,是我把猎物放到那儿去的。蛛蜂立即把寻找回来的猎物存放到第三个草丛高处。我又对它进行了测试。这一次,蛛蜂毫不迟疑地就直冲第三处草丛奔去,根本没有与前面两个存放点发生混淆,对头两处它根本不屑一顾,足见它的记忆力是十分准确的。我以同样的方法又继续进行了两次实验,蛛蜂总是直奔最后的那个存放点,对先前的存放点根本不予理会。蛛蜂这个小家伙的记忆力真是惊人,令我叹服。一个与别处并无多大不同的地方,它只要匆匆忙忙地瞥上一眼,就能够深深地印在记忆之中,何况它还有很多的活儿要干,还得忙着建房造屋,操心的事不少。我们作为高级动物,我们的记忆力能够始终像蛛蜂那么好吗? 我看未必。回过头来再看看红蚂蚁,它也具有与蛛蜂同样的记忆力,因此,它在长途跋涉之后,沿着原路返回家中,也就没有什么可以怀疑，没有什么无法解释的了。

现在，我再来给蛛蜂制造点麻烦，增加点难度。我用指头在土里按下一个印，弄出个凹坑，把蛛蜂的猎物放进这个小凹坑里，上面用一片薄薄的叶子把它盖好。蛛蜂来到猎物存放点之后，居然从叶子上穿过，在上面走过来走过去，却并没想到自己的猎物就在叶下。然后，它又往四周去寻找，终无所获。这就说明，指引它的并非嗅觉，而是视觉。在此期间，它的触角一直在不停地拍打着土地。那么，触角这个器官究竟起到什么作用呢？这我说不清楚，我只知道它不是嗅觉器官。通过对砂泥蜂寻找灰松毛虫的实验，我已经得出了这个结论；现在，我所得到的证据已经经过实验，我觉得这是决定性的，毋庸置疑。我还得指出，蛛蜂的视力很弱，所以它虽经常在离自己猎物不远的地方来来往往地寻找，却没能一眼就看到自己那被我挪了窝儿的猎物。

天　牛

　　年轻时，我曾经面对著名的肯迪拉克的雕像顶礼膜拜。肯迪拉克认为天牛具有很强的嗅觉，它嗅着一朵玫瑰花，然后仅仅依靠所闻到的香气，便能产生各种各样的念头。对于这种推理，我曾经一直深信不疑了整整 20 来年，对于这位富有哲学思想的教士的神奇说教佩服得五体投地。我以为，只要嗅一下这个伟人的雕塑他就会活过来，能使我增强视觉、记忆、判断等方面的能力。然而，经我的良师们——昆虫们的耐心教导，我抛弃了这种幻想。昆虫们所提出的问题比起教士的说教来，更加深奥，更加使我受益匪浅。天牛将要告诉我的就是这种颇有教益的知识。

　　冬天即将来临，天总是灰蒙蒙的，这是冬日的明显前兆。我开始储备树段、木头，以备过冬取暖之用。我还向樵夫们订购了一些被蛀虫蛀得千疮百孔的朽木树段。樵夫们以为我是个傻子，暗地里在嘲讽我。我当然知道好木头更经烧，但我自有用处，他们也就按照我的要求去做了。

我有了一些满是虫眼的树干，有的是一条条伤痕，有的是一道道深沟，树枝被咬烂，树干遭啃噬。我观察到，在干燥的沟痕里，各种要过冬的昆虫都已经做好了宿营的准备。吉丁已经准备好了扁平的长廊；壁蜂用嚼碎的树叶在长廊里为自己修建好了房屋；切叶蜂在前厅和蛹室里用树叶做好了睡袋；我在这一章中要介绍的天牛正在多汁的树干里休憩，它可是毁坏橡树的罪魁祸首。

天牛的幼虫非常奇特，它们就像一段蠕动着的小肠子。每年仲秋时节，我都能看到两种年龄段的天牛幼虫：年长些的幼虫有一根手指头那么粗；年幼些的幼虫则粗如粉笔。此外，我也见到过颜色深浅各不相同的天牛蛹，以及一些完全成形了的天牛。它们的腹部都是鼓鼓的。待到春暖花开、天气暖融融的时候，它们就会爬出树干。它们在树干里大约要生活 3 年时间。天牛是怎么度过这漫长的孤独的囚徒似的生活的呢？它们缓慢地在粗壮的橡树干内爬行，在挖掘通道，以挖掘出来的东西充饥。天牛的上颚如同木匠的半圆凿，黑乎乎的，短短的，但却非常坚硬有力，虽无锯齿，但却像一把边缘锋利的汤匙，是天牛用来挖掘通道的有力工具。被凿出来的木屑，经幼

虫消化之后被排泄出来，堆积在其身后，留下一条被啃噬过的深痕。幼虫一边在挖掘通道，一边在进食。随着工程的进展，道路开通了；随着残渣不断地阻断了后路，幼虫在不断地向前。就这样，幼虫既获得了食物，又得到了安身之所。

天牛幼虫将机体的全部力量都集中到身体的前半部，使之成为杵头状，这样，两片半圆凿形的上颚便可顺利地进行工作。上颚既然充当挖掘的工具，就必须有很强的支撑和强劲的力量。天牛幼虫便用围绕其嘴边的黑色角质盔甲来加固它那半圆凿形的上颚。除了这硬硬的上颚以外，其身体其他部位的皮肤却是非常细腻的，而且白如象牙。皮肤之所以如此细腻与洁白，全都是其体内所含的丰富脂肪导致的。确实也是，幼虫每天唯一要做的事，就是整天都在不停地啃噬；不停地进入幼虫胃里的木屑，在不断地给它补充着营养。

幼虫的足分为三个部分：第一部分呈圆球状，最后一部分为细针状，这两部分都是退化了的器官。它的足长只有一毫米，对于爬行并不起什么作用，因为身体肥胖，足够不着支撑面，连支撑身体都不能够，又怎么可以爬行呢？幼虫用来爬行的器官属于另一种类型。它既可以仰面爬行，也可以腹部冲下爬行，非常灵活自如。它用爬行器官取代了胸部那软弱无力的足。这种爬行器官与众不同，长在背部。

天牛幼虫的身体有七个环节，上下长着一个满是乳突的四边形平面。这些乳突可使幼虫随心所欲地鼓胀、凸出、下陷、摊平。上面的四边形平面又一分为二，从背部的血管分开来；下面的四边形平面则看不出有两个部分。这就是天牛幼虫的爬行器官。如果幼虫想要往前，它便先把后部的步带鼓起来，也就是说，把背部和腹部的步带鼓起来，压缩前半部的步带。由于表面很粗糙，后面的几个步带便把身体固定在狭窄的通道壁上，以得到支撑。在压缩前面的几个步带的同时，它尽量把身子伸长开来，缩小身体的直径，使它能够向前滑动，爬行半步。当它走完一步时，它还要在身体伸长之后，把后半部身子拖上前来。为此，幼虫必须让前部步带鼓胀起来作为支点；同时，又让后部步带放松，让体节自由收缩。

幼虫凭借背部与腹部的双重支撑，交替收缩和放松身体，能够在自己所开凿的隧道里进退自如。但是，假如上方和下方的行走步带只能动用一个时，那么幼虫就无法前进了。假如把幼虫放在表面很光滑的桌面上，它便会慢慢地弯起身子，动弹个不停，一会儿伸长身子，一会儿收缩身子，总也无法向前爬去。等你把它放到有裂痕的橡树干上时，它便神气起来，因为橡树皮很粗糙，凹凸不平，像是被撕裂开来似的，它可以在上面从左往右、从右往左地缓缓地扭动身子的前半部，抬起，放低，一再重复这一动作。这是幼虫最大的行动幅度。幼虫那已经退化了的足一直都没有动，一点作用也起不了。如果说这些

残肢废足作为成年天牛的前身而存在的话，成虫那敏锐的眼睛在幼虫身上却未见丝毫雏形。在幼虫身上，看不到任何微弱的视觉器官的痕迹存在。幼虫生活在树干内，黑漆漆的一片，视力又有何用？ 与此同时，幼虫也没有听觉。在橡树树干那黑暗的深处，没有任何声响，与视觉一样，听觉自然也失去了作用。如果谁对此心存疑惑，我们不妨来做一个实验，以便释疑解惑。我把树干剖开，留下半截通道，便可以跟踪监视在树干里面正在劳作的居民。环境十分安静，幼虫忽而挖掘前方的长廊，忽而停下活计，歇息一会儿。休息的时候，它便用步带将身子固定在通道的两侧壁上。我趁它休息之际，想测试一下它对声音的反应。我先用硬物互相敲击，继而用金属击打发出回响，最后改用锉刀锉锯子，但是却未见到天牛幼虫有什么反应。它对这种种声响无动于衷，既不见它的皮肤有任何的颤动，也不见它有何警觉的表现，即使我用尖尖的硬物刮擦它身旁的树干，模仿幼虫啃噬树干发出的声音，也都不能奏效。这就足以证明天牛幼虫毫无听觉。

那么，天牛幼虫是否有嗅觉能力呢？ 各种情况都表明它不具有嗅觉能力。嗅觉只是作为寻找食物的辅助功能，但天牛幼虫却用不着费心劳神地去寻找食物。它的住所就是它的食物，它所栖身的木头就在向它提供活命的东西。另外，我也对此做过实验。我找了一段柏树，把树干挖了一条沟痕，直径与天牛幼虫所挖掘的长廊的直径一样大小，然后，我就把幼虫置于其中。柏树的气味浓重，具有大多数针叶植物所具有的那种很浓烈的树脂味。当我把幼虫一放到那条柏树沟痕里去的时候，它很迅速地便爬到通道的尽头，然后就一动不动了。它的这种静止不动不正是它没有嗅觉能力的证明吗？天牛幼虫长期生活在橡树干里，树脂这种独特的气味应该能引起它的不适或厌恶，它本应通过身体的颤动或逃跑的企图来表现自己的厌恶之感的，但是，它却并没有做出这种反应来。它在找到合适的位置时便立刻停下脚步，待着歇息，一动不动了。之后，我又做了另外一个实验。我把一小包樟脑放在长廊里，离天牛幼虫很近，仍然未见它有什么反应。然后，我又用萘做了同样的实验，结果依然相同。做了这么多实验之后，我觉得天牛幼虫没有嗅觉能力是毋庸置疑的了。

当然，它肯定是有味觉的。只是这种味觉应该属于"残缺不全"的。天牛幼虫会在橡树树干中一直生活三年，其食物很单一，就是橡树木纤维，别无其他。那么，幼虫对这唯一的食物又会有什么评价呢？顶多也就是吃到新鲜多汁的橡树干时会觉得很鲜美，而吃到干燥无汁的树干时便觉得没太大滋味罢了。

剩下的就是它的触觉了。它的触觉点分布得很散，而且是被动的。任何有生命的肉体都具有触觉，一旦被尖刺儿刺着，

就会觉得疼痛，就会抽搐、扭曲。总之，天牛幼虫的感觉只有味觉与触觉，而且还都非常迟钝。

我不禁在想，既然如此，那么天牛幼虫这种消化功能很强但感觉功能却极弱的昆虫，其心理状态又是由什么构成的呢？触觉与味觉会给那些已经退化了的感觉器官带来些什么呢？很少，几乎什么也没有。天牛幼虫只知道，好的木头有一种收敛性的味道，未经精心刨光的通道壁会刺痛皮肤，仅此而已。这就是天牛幼虫的智力所能达到的最大限度。而肯迪拉克却错误地认为，天牛具有很好的嗅觉，这是科学的一个奇迹。它可以回想往事，可以比较、判断，甚至推理。可是，现实中，这个几乎似睡非睡、似醒非醒的大腹便便的昆虫，它真的会回忆、会比较、会推理吗？我就认为天牛幼虫犹如一截会爬行的小肠而已，我觉得我的这一比喻十分贴切，天牛幼虫的全部感觉能力，就是一截小肠所能拥有的能力罢了。

不过，也别小看了这个小家伙，它虽然对自己现在的情况昏昏然，但却能预知未来，具有神奇的预测能力。对我的这一奇怪的观点，请读者允许我慢慢地道来。在整整三年的时间里，天牛幼虫在橡树干里过着流浪的生活。它爬上爬下，忽而在这里，忽而又在那里；为了另一处的美味，它会放弃眼下正在啃噬的木块，不过它始终不会远离树干深处，因为这儿温度适宜，环境幽静而安全。当危险的日子来临时，它将被迫离开隐蔽所，去面对外界的种种危险。光吃还不够，它还得离开自己的生活之地。天牛幼虫有着精良的挖掘工具和强健的身体，钻入另一处去躲灾避祸，对它来说并不犯难。但是，未来的成虫天牛，将去外界度过它那短暂的时光，那么，它是否具有这样的能力呢？在橡树干内那幽暗的环境中诞生的长角昆虫，它知道替自己挖掘一条逃离的通道吗？

　　这就必须依靠天牛幼虫凭借自己的直觉去解决这一难题了。我又做了点儿实验，以弄清这一问题。在实验中，我发现，成年天牛若想利用幼虫挖掘的通道从树干深处逃逸，是不可能的事。天牛幼虫的通道犹如一座迷宫，十分复杂，非常长，不见尽头，而且还堆满了坚硬的障碍物；另外，其直径又是从尾部往前逐渐地缩小。幼虫钻入橡树干时，它只有一段麦秸那么长那么细，而此刻它已变得如手指头一般粗细了。它在树干里3年的挖掘工作，始终是根据自己的身体大小进行挖掘的。结果不言自明，幼虫钻入树干的通道和行动路线对于成年天牛的离去已经起不了作用了。成年天牛触角很长，足也不短，而且其甲壳也无法折叠，原先的那条通道对它来说已经是一个无法逾越的障碍了；它若想以这条通道为逃逸之路，就必须清除坑道内的障碍物，并且还要大大地拓宽通道。这么一来，倒不如另辟蹊径，挖掘一条新的通道来得便当一些。但是，成年天牛有这种能力吗？我们不妨做一实验来观察一番。

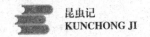

　　我把一段橡树干一劈两半，并在其中挖掘出一些适合成年天牛的洞穴。在每一个洞穴中，我都放了一只刚刚成年的天牛。这些天牛是我十月份从冬储木柴中发现的。

　　然后，我便把两半树干用铁丝紧紧地捆在一起。六月已经来到。只听见树干里传出来敲击的声音。它们能够出来吗？它们是不是没法从里面逃出来呀？我原以为从里面逃出来，对它们来说易如反掌，因为它们只要钻一个两厘米长的通道便可逃生了。可是，竟然未见一只天牛从树干里跑出来。等到树干里面听不见一点动静时，我颇觉蹊跷，便把捆着的树干松开，却发现里面的俘虏们全都死了。洞穴里只有一小撮木屑，还不足抽了一口烟的烟灰量。这就是它们的全部劳动成果。

　　我对成年天牛的上颚估计过高，以为它是无坚不摧的利器，但是，工具好并不一定就能造就一名好的工匠。尽管良好的挖掘工具在握，但长期隐居者却缺少技艺，只好在洞穴里等死。然后，我又找了一些成年天牛，对它们进行了比较缓和点儿的实验。我把它们拘于直径与天牛天然通道直径相同的芦苇管里。我找了一块天然屏障作为障碍物，这屏障很薄，只有三四毫米厚，一捅就破。经实验发现，有一些天牛能够从芦苇管里逃生，有一些则死于其中。这就说明，遇到障碍，勇往直前者胜。一个屏障这么小小的障碍都闯不过去，待在坚硬的橡树干里岂不必死无疑。

　　从这些实验的结果来看，我相信，天牛成虫徒有其表，外强中干，靠自己的力量竟然无力逃离树干监牢。劈开逃生之门，还得仰仗貌不惊人的肠子状的天牛幼虫的智慧。这种情况在告诉我们，幼虫天牛在以另一种方式再现卵蜂的壮举。卵蜂的蛹身上带有钻头，为以后那长翅无能的成虫挖掘通道。天牛幼虫不知是由于何种神秘预感的驱动，离开其安宁的隐蔽所，离开其无法攻破的城堡，爬向橡树表面，不顾正在寻找美味多汁的昆虫的天敌对它的威胁。幼虫就这么冒着生命危险，勇敢无畏地挖掘着通道，一直挖到橡树表层，只留下一层薄薄的阻隔作为窗帘，遮挡自己。有些冒失的幼虫，甚至把这块窗帘捅破，干脆留出了一个洞口。这儿就是天牛成虫的出口，它只需用上颚和额角轻轻地一触，就能把窗帘捅破，得以逃生。刚才已经说了，有的幼虫连窗帘也不留，干脆就留出一个洞口，天牛成虫无须劳作，便可直接逃离。每到春暖花开，天气转暖时，身披古怪羽饰、笨手笨脚的成虫便从黑暗中出来了。

　　天牛幼虫在把逃生之路准备完毕之后，又开始忙活起眼前的活计来。挖好逃生通道，它就退回到长廊中不太深的地方，在出口一侧凿一个蛹室。这间蛹室陈设豪华，壁垒森严，前所未见。蛹室为一扁椭圆形的宽敞的窝，长有近百毫米，扁椭圆结构的两条中轴，长度不同，横向轴长二十五毫米到三十毫米，纵向轴则只有十五毫米。这么大的空间，比成虫的体积要

大，使成虫的足部可以自由伸展。当打破壁垒，逃出牢笼的时刻到来时，这样的蛹室是不会让天牛成虫感到有任何不便的。

这儿所说的壁垒，是指蛹室的封顶，那是天牛幼虫为了防御外敌入侵而建造的，封顶有两层或三层。外层由木屑构成，那是天牛幼虫挖掘树干时留下的残留物；里面的一层是一个矿物质的白色封盖，呈凹半月形。通常，在最内侧还有一层木屑壁垒与前两层连在一起。有了这种多层壁垒的保护，天牛幼虫便可在房间里踏踏实实地为变成蛹做准备工作了。天牛幼虫从房间壁上锉下来一条一条的木屑，这便是细条纹木质纤维的呢绒。天牛幼虫又把这些呢绒贴回到房间四周的墙壁上去，铺成壁毯，厚度几近一毫米。这就是天牛幼虫在自己蛹室墙壁上挂上的精细双面绒挂毯。我们不难看出，天牛幼虫为了变成蛹，在不停地劳作，做了精心的准备。

我们再来看看这间房间布置得最奇特的那个部分——那层堵住入口的矿物质封盖。这个封盖是个椭圆形帽状封盖，呈白石灰色，系坚硬的含钙物质，内部十分光滑，外面呈颗粒状突起，犹如橡栗的外壳。这种颗粒状凸起表明，这层封盖是天牛幼虫用糊状物一口一口地筑成的。封盖外部由于无法触碰到，幼虫无法加以修饰，因而凝固成了细小的凸起。而内侧的那一面在天牛幼虫力所能及的范围内，所以被抹得光滑平整。这种封盖像钙一样既坚硬又容易破碎。不用加热，它就能溶于硝酸，并且立即释放出气体来。不过，溶解过程却比较缓慢，一小块封盖往往需要几个小时的时间才能逐渐溶化掉。溶化之后，剩下一些泛黄的沉淀物质，看上去像是有机物。如果对封盖进行加热，它就会变黑，足见其中含有可以凝结矿物的有机物。如果在溶液中加入草酸，溶液会变得混浊，并留下白色沉淀。这种情况说明其中含有碳酸钙。我原想从中发现一些尿酸铵的成分，因为在昆虫变成蛹的过程中，常见有尿酸铵存在，可是，我在封盖的溶液里并未发现有尿酸铵。因此，我可以认为，封盖仅仅是由碳酸钙和有机凝合剂构成的，这种有机物大概是蛋白质，使钙体变得十分坚硬。

我相信，天牛幼虫的胃部是分泌这些石灰质物质的器官，而这一能乳化的生理器官为它提供了钙质。胃从食物里把钙分离出来，或者直接得到钙，或者通过与草酸氨的化学反应来获得。在幼虫期结束时，它便将所有的异物从钙中剔除，并将钙保存下来，留作构筑壁垒之用。这一点并不令人惊讶，某些芫菁科昆虫，如西塔利芫菁，通过化学反应能在体内产生尿酸氨；飞蝗泥蜂、长腹蜂、土蜂等，就是在自己体内生产茧所需要的生漆的。

通道修筑完工，房间粉刷装饰完毕，用三重壁垒封好之后，灵巧而勤劳的天牛幼虫便完成了自己的使命，挖掘工具也完成了其历史使命，它便进入了蛹期。裸裸状态之下的蛹十分

虚弱，躺在柔软的睡垫上，头始终冲着门的方向。这一点看似无关紧要，实际上却是至关重要的。天牛幼虫身子柔软，伸缩翻转，随心所欲，因此，在这间小房间里，头无论朝向何方，都无伤大雅。可是，从蛹中出来的天牛成虫却没有随心所欲地翻来倒去的自由，它浑身披挂着坚硬的角质盔甲，无法在小房间内将身体从一个方向转向另一个方向，甚至因房间太狭小，连弯曲一下身子都办不到。所以，它的头必须始终冲着出口，否则便会在自己所建造的囚室里等死。

不过，不必担心有这种意外发生，因为这截小肠素来知晓未雨绸缪，早就为将来做好了准备，不会出此差错——头朝里地进入蛹期。到了该出洞的时节，向往光明的天牛的面前没有太大的障碍，只不过是一些细碎的木屑，扒拉几下便可以清理掉。然后，便是那层石质封盖，它也用不着费心乏力地去把它打碎，只要用其坚硬的前额这么一顶，或者用脚这么一推，封盖便会整体松动，从框框里脱落。我发现，被弃置的封盖全都完好无损。最后就是那第二层壁垒了，是木屑构成的，这就更不在话下，比第一层更加容易清除。这么一来，通道畅通，天牛成虫只要沿着通道便可准确地爬到出口。如果窗帘没有掀开，它只需用牙一咬，那薄薄的窗帘也就破了，这对它来说，易如反掌。它终于走出黑暗，见到了光明，长长的触须激动得不停地颤抖着。

灰蝗虫

我刚刚看到一件激动人心的事：一只蝗虫在最后一次蜕皮，成虫从幼虫的壳中钻了出来。情景壮观极了。我观察的是一只灰蝗虫，是蝗虫家族中的巨人，九月葡萄收获的季节在葡萄树上常常见到它。它身体有一指长，所以比别的蝗虫观察起来方便得多。

幼虫肥胖难看，但已初具成虫的粗略模样，通常呈嫩绿色，但也有的是青绿色、淡黄色、红褐色，甚至有的已像成虫的那种灰色了。其前胸呈明显的流线型，并有圆齿，还有小的白点，多疣；后腿已像成年蝗虫一样粗壮有力，饰有红色纹路，而长长的前腿上长着双面锯齿。

鞘翅再过几天就将大大超过肚腹，但目前还只是两片不起眼的三角形小羽翼，上端贴在流线型的前胸上，下端边缘往上

翘起，呈尖形披檐状。鞘翅勉强能遮住裸体蝗虫背部，宛如西服的垂尾，因省料子而剪短不够长，显得十分难看。鞘翅遮盖着的是两条细长小带子，那是翅膀的胚芽，比鞘翅还要短小。

总之，鞘翅很快将成为灵巧漂亮的羽翼，而眼下还是两块为节省布料而剪得难看至极的破布头。从这堆破烂玩意儿里将有什么东西跑出来呢？ 是一对极其宽阔而美丽的翅膀。

咱们先仔细地观察一番事情的经过。幼虫感到自己已经成熟，可以蜕变了，便用后爪和关节部位抓住网纱。而前腿则收回，交叉在胸前待命，以支持背朝下躺着的成虫翻转身来。鞘翅的鞘——三角形小翼成直角张开其尖帆；那两条翅膀胚芽的细长小带子在暴露出的间隔处的中央竖起，并微微分开。这样，蜕皮的架势业已摆好，稳稳当当的。

首先必须让旧外套裂开。在前胸前端下部，由于反复一张一缩的缘故，推动力便产生了。在颈部前端，也许在要裂开的外壳掩盖下的全身都在进行着这种一张一缩的反复运动。关节部位薄膜细薄，可以让人一眼看到在这些裸露地方的张缩运动，但前胸中央部位因有护甲挡着，就看不出来了。

蝗虫中央部位的血液在一涌一退地流动着。血液涌上时宛如液压打桩机一般一下一下地撞击着。血液的这种撞击，机体集中精力产生的这种喷射，使得外皮终于沿着因生命的精确预见而准备好的一条阻力最小的细线裂开。裂缝沿着整个前胸的流线体张开，宛如从两个对称部分的焊接线裂开一样。外套的其他部分都无法挣开，只有在这个比其他部位都薄弱的中间地带裂开。裂缝稍稍往后延伸了一点，下到翅膀的连接处，然后再转到头部，直至触须底部，在此处分成左右短叉。

背部从这个裂口显露出来，软软的、苍白的，稍稍带点灰色。背部在缓慢地拱起，越拱越大，终于全拱出来了。

随后头也拱出来了。外壳被撇在原地，完好无损，但两只玻璃状的眼睛已经什么也看不见了，样子极怪；触须的套子没有一丝皱纹，也未见任何异样，处于自然状态，垂在这张变成半透明的已无生气的脸上。

触须在从这么窄小又裹得如此紧的外套中钻出来时并没有遇到任何阻力，所以外套没有翻转过来，没有变形，连一点儿褶皱都没弄出来。触须的体积与外壳大小一样，而且同样是有节瘤的，可它却并未损坏外壳，而是轻易地从中钻了出来，如同一个光滑直溜儿的物件从一个宽大无障碍的管子里滑落出来一般。后腿的伸出也一样轻而易举，且更令人震惊。

现在该是前腿，然后是关节部位摆脱臂铠和护手甲的时候了，但也未见有丝毫的撕裂，没有丝毫的褶皱，没有丝毫的自然位置的变异。此时蝗虫只用长长的后腿的爪子抓住网罩。它垂直悬吊着，头冲下，一碰纱网，它就像钟摆似地摆动起来。它的悬吊支点是 4 个细小的弯钩。

如果这四个弯钩一松，没抓住，这只蝗虫就没命了，因为除了在空中以外，它的巨大翅膀在其他地方是张不开的。但是，它抓得牢牢的，因为在它从外壳伸出来之前，生命就使它变得坚硬牢固，能稳稳当当地担负起随后从外壳中挣脱的使命。

现在鞘翅和翅膀出来了。那是四个窄小的破片，隐约可见一些条纹，状如被撕裂的小纸绳，顶多只有最终长度的四分之一。

它们软极了，支撑不了自身重量，耷拉在头朝下的身子两侧。翅膀末端无所依靠，本该冲着后部，但现在却冲着倒挂的蝗虫的头部。蝗虫未来飞行器官的那副惨相如同原本肉乎乎的四片小叶子被暴风雨打得破败不堪的模样。

为了让自己臻于完善，蝗虫必须进行一项深入细致的工作。这项机体内的工作甚至已经在充分地进行着，也就是把黏液凝固，让不成形的结构定型，但是，从外部丝毫看不出来其内部的这种神秘的实验。从外面看上去，蝗虫似乎毫无生气。

其间，后腿摆脱开来。粗大的大腿呈现出来，向内的一侧呈淡粉红色，但很快便变成了鲜艳的胭脂红。后腿出来很容易，把收缩的骨头一伸，道路便畅通无阻了。

但小腿就是另一码事了。当蝗虫成为成虫时，整条小腿上竖着两排坚硬锋利的小刺。另外，下部顶端有 4 个有力的弯钩。这是一把货真价实的锯，有两排平行的锯齿，极其粗壮有力，除了小点外，真可以与采石工人的大锯相媲美。

幼虫的小腿结构相同，因此也是裹在有着同样装置的外套里。每个弯钩都嵌在一个同样的钩壳之中，每个锯齿都与另一个同样的锯齿相啮合，而且咬合得严丝合缝，即使用刷子刷上一层清漆来替代要蜕掉的外壳也不如它们那么紧紧相贴。

然而，胫骨的这把锯子从中蜕出来时却没有让紧贴着外壳的任何地方有一点点损伤。如果我没有一而再，再而三地仔细观察，我是不敢相信的。被抛弃的小腿护甲完完整整，毫发未损。无论末端的弯钩还是双排锯齿都没有弄坏一点软嫩的外壳。那外壳细嫩得一口气都能把它吹破似的，但尖利的大耙在其间滑动却未留下一丝的擦伤。

我远未想到会是这种情况。我看到那披着刺棘的铠甲时，我就以为小腿上的外壳会像死皮似的自己一块块脱落，或者被擦碰掉下。但事实却远非如此，这大出我所料！

弯钩和刺棘毫不费力、没有一点阻碍地从薄膜里出来了，可它们却是能让小腿形同一把可锯断软木头的锯子的呀。脱下来的衣服靠其爪状外皮，钩在网罩的圆顶上，无一丝一毫的褶皱和裂缝，用放大镜也没看到有什么硬擦伤。外壳蜕皮前后完全一模一样。那蜕下的护胫也同那条真腿一样，无丝毫的差异。

　　谁要是让我们把一把锯子从贴在其上的极薄的薄膜套里抽出来，而又不对薄膜套有丝毫损伤，那我们必然是哈哈大笑，因为这根本就办不到。但生命却嘲弄了这类不可能。生命在必要时有办法实现荒诞的事情，这一点蝗虫的爪子就告诉了我们。

　　既然胫骨锯一出了套是那么地坚硬，所以不把紧紧地裹住它的套子弄碎它肯定是出不来的。但困难被它绕开了，因为胫甲是它唯一的悬挂带，必须绝对地完好无损，才能给它提供牢固的支撑直至它完全摆脱出来。

　　正在努力挣脱的腿还不是能够行走的肢体，它还没有达到之后不久的那种硬度。它非常软，极易弯曲。我对它的蜕皮部分做了实验，我把网罩倾斜，便会看到已经蜕皮部分因受重力影响，随我的意愿在弯曲。呈细小的带状弹性胶质也没什么弹性了。但是，它很快就硬了起来，只几分钟工夫，它便具有了所必需的硬度。

　　再往前些，在外套遮住的我看不见的部分里，小腿肯定是软的，处于一种极具弹性的状态，可以说是流体状的，这使得它几乎可以像液体似的从通道中流出来。

　　小腿上这时已经有锯齿了，但并不像它出来之后那么尖利。的确，我可以用小刀尖替小腿部分地剔去外壳，并拔除被模子紧裹着的小刺。这些小刺是锯齿的胚芽，是柔软的肉芽，稍加外力便会弯曲，外力一除又立刻恢复原状。

这些小刺向后仰倒以利蜕出，而随着小腿的往外伸出，它们也在逐渐地竖起、变硬。我所观察的不是单纯地把护腿套蜕去，露出在盔甲中已成形的胫骨，而是一种令我惊讶不已迅速的诞生过程。

螯虾的钳子在蜕皮时把两只手指的嫩肉从硬如石头的旧壳中挣脱出来时，情况差不多也是这样，但细腻精确的程度却远不及蝗虫。

现在，小腿终于自由了。它们软软地折进大腿的骨沟里，一动不动地成熟起来。肚腹蜕皮了，它那件精细的外套出现了皱纹，在往上蜕去，直至顶端，只有这顶端在壳内卡了一会儿，除此而外，蝗虫全身都已露在外面。它垂直地吊挂着，头朝下，由现已空了的小腿护甲的钩爪钩住。

蝗虫一动不动，后部由破烂衣衫固定着。它的肚子鼓胀得非常之大，看上去像是由储存的液汁撑起来的，翅膀和鞘翅很快就要动用这些液汁了。蝗虫在休息，在恢复元气。一直这么等了有二十分钟。

然后，只见它脊椎一着力，由倒悬变成正挂，用前跗节抓牢挂在头上的旧壳。用脚钩着高空秋千倒挂着的杂技演员为了正过身来，腰部也没有这么用力的。这么用力的一个翻转之后，其他的就不在话下了。

蝗虫依靠自己刚刚抓住了支撑物后，便慢慢往上爬，碰到

了罩子的网纱,这网纱恍若它在野地里蜕变时所依托的灌木丛。它用四只前爪把自己固定在网纱上。这么一来肚腹末端就完全解脱了,然后它又猛地最后一挣,旧壳便掉了下去。

旧壳的落下让我颇感兴趣,它使我想起了蝉衣是如何顽强地顶着凛冽寒风而未从挂住的小树枝上掉下去的。蝗虫的蜕变方式几乎与蝉一模一样。可蝗虫的悬挂点怎么会那么不牢固呢?

只要挺身动作没结束,弯钩就牢牢地钩住,而这个动作一做完,似乎全身的一切都动摇了,稍微一动便脱落下来。足见这时的平衡很不稳定,这就再一次显出蝗虫从外套中出来是何等地精确无误啊。

我因为找不到更好的术语,所以便用了"挺身"一词,其实这并不特别贴切。"挺身"意味着猛烈,而这个动作中没有猛烈,因为平衡的不稳定,而稍微一用力,蝗虫便会摔下来,一命呜呼,它就会干死在那儿,或者至少它的飞行器官因无法展开而将成为一堆破烂。蝗虫并不是硬挣出来,它小心谨慎地从外套中滑动出来,仿佛有一根柔软的弹簧在把它轻轻弹出。

我们再回头看看那些蜕皮之后表面上没有丝毫变化的鞘翅和翅膀吧。它们仍旧残缺不全,很像上面有细竖条纹的小绳头。它们要等到幼虫完全蜕皮并恢复正常姿态之后才会展开。

我们刚才看到蝗虫翻转身子,头朝上了。这种翻身动作足以让鞘翅和翅膀回到正常位置。原先它们极其柔软地因自身重量而弯曲地垂着，自由的一端朝着倒置的头部。

此刻，它们仍旧因自身的重量而使姿势被修正，处于正常方向。已不再有弯曲的花瓣，颠倒的位置也调整过来，但这并没使它们那不起眼的外表有任何的改变。

翅膀完全张开时呈扇形，一束轮辐状的粗壮翅脉横贯翅膀，成为可张可缩的翅膀构架。翅脉间，有无数横向排列的小支架层层叠起，使整个翅膀成为一个带矩形网眼的网络。鞘翅粗糙而小，也是这种网络结构，但网眼是方块形的。

鞘翅和翅膀状若小绳头时，都看不出这种带网眼的组织。上面仅仅是几条皱纹，几条弯曲的小沟，表明这些残废肢体是经精巧折叠使体积达到最小的织物构成的。

翅膀的展开是从肩部附近开始的。那儿一开始看不出有什么变化，但很快便现出一块半透明的纹区，有着清晰而美丽的网络。

渐渐地，这块纹区用一种连放大镜都观察不到的缓慢速度在一点点扩张，致使末端那胖得不成形状的东西在相应缩小。在逐渐扩展和已经扩展的这两部分的相接处，我怎么看也看不出个所以然来：我什么也没看出来，如同我在一滴水中什么也看不出来一样。但是，少安毋躁，不一会儿那方块网络组织就非常清晰地显现出来了。

根据初步观察，我们真的会以为一种可以组织成实物的液体突然凝固成带肋条的网络了；我们还会以为眼前的是一种晶体，因其突如其来，颇像显微镜载玻片上的可溶盐似的。其实并非如此，情况不会是这样的。生命在其创作中是没有这种突如其来的。

我折断一个发育了一半的翅膀，用大倍数的显微镜对着仔细观察。这一次，我满意了。似乎在逐渐结网的两部分的交接处，这个网络实际上已预先存在着。我很清楚地辨别出其中已经粗壮的竖翅脉；我还看见其中横向排着的支架，尽管它们确实还很苍白且不凸出。我成功地把末端的几块碎片展开来，找到了要找的一切。

这已经证实了翅膀此刻并不是织布机上由电动梭子生产出来的一块布料，而是一块已经完全织成了的成品布料。它所欠缺的只是展开和刚性，无须费多少事了，这就像熨衣服时用熨斗一熨就成了。

三个多小时过后，鞘翅和翅膀就全部展开来。它们竖立在蝗虫背上，呈一张大帆状，忽而无色，忽而嫩绿，如同蝉翼一开始那样。联想到它们原先只像是个不起眼的小包袱，如今展开得这么宽大，真令人拍案叫绝。这么多东西怎么在那小包袱里装下去的呀！

小说中说过一粒大麻子里装着一位公主的全套衣裳，而我们这儿所见的是一粒更加惊人的"子"。小说里的那粒大麻子为了发芽不断地增长繁殖，最后用了多年的时间才长出办嫁妆所需的那么多大麻来，而蝗虫的这粒"子"，短时间内便长出一对漂亮的大翅膀来了。

这个竖起四块平板来的绝妙大翅膀缓慢地坚硬起来，还增加了色彩。第二天，那颜色便已定型。翅膀第一次折叠成一把扇子，贴在自己应在的地方；鞘翅则把外边缘弯成一道钩贴在体侧。蜕变完成了。大灰蝗虫只剩下在灿烂的阳光下使自己更加壮实，使自己的外衣晒成灰色的过程了。让它去享受自己的快乐，我们还是暂且回头看看。

前面说过，在紧身甲顺着底部中线裂开后不久便从外套中出来的那4个残缺不全的东西，包含着有着翅脉网络的鞘翅和翅膀，这网络即使谈不上完美无缺，但至少整体看来无数细部已经定型。为打开这寒碜的包袱，并让它变成美丽的翅膀，只需让起压力泵作用的机体把储存着为此一时刻而用的液汁注入已准备好的管道里面去即可，而这一时刻是最为辛劳的时刻。通过这个事先弄好的管道，一股细流便把翅膀给撑开了。

但是，仍旧包裹在外套里的这四片薄纱究竟是什么情况呢？幼虫翅膀的镘刀、三角翼端是不是一些模具，按照它们那弯曲折叠的皱襞的模样，把包裹着的东西加工定型，从而编织出来鞘翅和翅膀的网络？

　　如果我们看到的不是真正的模具，我们就可以稍许歇上一歇了。我们会想：用模具铸出来的东西跟凹模一样，这是很简单的。但是，我们脑子的歇息只是表面的，因为我们必然会想，模具那样复杂的结构也得有自己的出处呀！我们也别追得那么深。对我们来说，这一切可能都是两眼一抹黑的，我们就局限在所观察到的情况就行了。

　　我把一只已成熟要蜕变的幼虫的一个翼端放在放大镜下仔细观察，看到上面有一束呈扇形辐射开来的粗壮翅脉。在其间，夹杂着另外一些苍白而细小的翅脉。最后，还有许多很短的横线，更加细微，弯成人字形，补足了这个组织。

　　这就是未来鞘翅的简略雏形，它与成熟了的鞘翅真是有天壤之别！与似建筑物梁木一般的翅脉的辐射状布局完全不一样；由横翅脉构成的网络丝毫不像未来的复杂结构。代替粗略雏形的是极其复杂的结构，而在粗糙的基础上的是臻于完善。翅膀的翼及其结果，即最终的翅膀也同样是这种情况。

　　当准备状态和最终状态都呈现在眼前时，就一目了然了：幼虫的小翼并不是按其模样加工材料并按照其凹模来制造鞘翅的简单模具。

　　不是这样的。所期待的包裹状薄膜并未在这个雏形当中，这个包裹一旦打开，其组织之大、之复杂将会令我们惊讶不已。或者更确切地说，这个包裹状薄膜就在雏形中，但处于潜在状态。在成为真正的实物之前，它只是个虚拟形态，但可以变成实物。它存在于雏形之中，就好比橡树就存在于橡栗之中一样。

翅膀的锼刀和鞘翅的翼端没有固定着的边缘为一圈半透明的小肉球所包围。经高倍放大镜放大之后，可以看见其中有几个似有似无的未来锯齿的雏形。这很可能是生命将使其物质运动的工地。没有任何可以看得出来的东西使人感觉到那个神奇的网络的存在，我们感觉不到这个网络的每一个网眼将都会有自己明确的形状及其精确的位置。

因此，能使这种可以组织起来的材料是薄纱状的，并让脉序构成一个难以绕出的迷宫，势必有比模具更巧妙更高级的结构，势必有一张标准的平面图，有一个让每一个原子进入规定位置的理想的施工说明书。在材料动起来之前，外形已经明确地勾勒出来，供塑性液流动的管道也已经铺设好了。我们建筑物的砾石已按照建筑师思考好的施工说明书码放好了；它们先按设想的码放，然后便真正地垒砌起来。

同样，蝗虫翅膀这个从不起眼的外套中挣脱出来的美丽的花边薄翼，让我们知道了有另一位建筑师，它画出了一些平面图，生命则按它们去建造。

生物的诞生方式多种多样，有比蝗虫的诞生更让人惊叹不已的，但是，那都是在不知不觉中进行的，被时间这巨大的帷

幕遮住了。如果我们不具备持之以恒的精神，那神秘缓慢的进程就会让我们看不到最激动人心的场面。而蝗虫的蜕变却不一样，快得出奇，所以必须全神贯注，即使你在犹豫也不能放松警惕。

谁要是想看一看生命以多么不可思议的灵巧在工作而又不想枯燥乏味地等候的话，那就去看葡萄树上的大蝗虫好了。种子发芽、叶子舒展、花朵绽放都极其缓慢，我们的好奇心难以得到满足，但葡萄树上的大蝗虫却可以代替之，以了却我们的心愿。我们无法看到小草的缓慢生长，却能十分清楚地观察到蝗虫的鞘翅和翅膀的蜕变过程。

看到这个"大麻子"几个小时后就变成了一张漂亮的大帆，真让人惊得目瞪口呆。啊！生命在编织蝗虫的翅膀，真不愧是个能工巧匠，而蝗虫只是那些微不足道的昆虫中的一种而已。老博物学家普林尼谈到它时说道："葡萄树蝗虫在这个刚向我们指出的不为人知的角落里，显示出它是多么强大，多么聪慧，多么完美！"

我听说有一位博学的研究者，他认为生命只不过是物理力和化学力的一种冲突而已，他苦思冥想，希望有一天以人工的方法能获得那种可加以组织的材料，亦即行话所说的"原生质"。如果我有这种能力，我会急于满足这位雄心勃勃的人的。

喏，就这样，你准备好了各种各样的原生质。经过深思熟虑、深入研究、耐心细致、谨慎小心，你的愿望实现了；你从你的实验仪器中提取了一种易于腐败、过几天就发臭的蛋白质黏液，总之，是一种脏得很的玩意儿。你将如何处置你的产品？

你将把它组织起来吗？你将给它以活的建筑结构吗？你将用一种注射器把它注入两片不会搏动的薄片中间去，以获取哪怕是一只小飞虫的翅膀？

蝗虫几乎就是按这种方法干的。它把它的原生质注入小翅膀的两个胚层之间，材料也就在其间变成了鞘翅，因为它在那儿有我们前面所说的原型作为指引。

这种对形状进行协调的原型，这个事先存在的调节物，你的注射器里有吗？没有。所以说你就把你的产品扔了吧。生命是绝不会从这种化学垃圾中迸发出来的。

绿蚱蜢

　　现在已是七月中旬了，按照气象学，三伏天刚刚开始，但实际上，酷热赶在日历的前头到来，几个星期以来，简直是酷热难耐。

　　今晚，村子里在举行庆祝国庆的晚会。村童们正围着一堆篝火在欢蹦乱跳，我影影绰绰地看到火光映到教堂的钟楼上面，"嘭啪嘭啪"的鼓声伴随着"钻天猴"烟花的"唰唰"声响。这时候，我独自一人在晚上 9 点钟光景那习习凉风中，躲在暗处，侧耳细听田野间那欢快的音乐会。这是庆丰收的音乐会，比此时此刻在村中广场上那由烟花、篝火、纸灯笼，尤其是劣质烧酒组成的节日晚会更加庄严壮丽，它虽简朴但却美丽，虽恬静但却具有魅力。

　　夜已深了，蝉鸣声止。整个白昼，它们饱尝阳光和炎热，尽情欢唱不止,而夜晚来临,它们要歇息了,但是它们却常常被搅扰得无法休息。在梧桐树那浓密的枝杈中,突然会传来一声如哀鸣般的闷响,短促而凄厉。这是被绿蚱蜢突然袭击所惊扰的蝉的绝望哀嚎;绿蚱蜢是夜间凶猛凌厉的猎手,它向蝉扑去,将蝉拦腰抱住,把它开膛破肚,掏心取肺。欢歌曼舞之后,竟是杀戮。

在我的住处附近,绿蚱蜢似乎并不多见。去年,我计划研究研究这种昆虫,但是一直没有找到过它,只好恳求一位看林人帮忙,他终于帮我从拉加尔德高原弄到两对绿蚱蜢。那里是严寒地区,山毛榉现在正开始往旺杜峰长上去。

好运总是要先捉弄一番,然后才向着坚韧不拔者微笑的。去年久寻不见的绿蚱蜢,今夏已经几乎是随处可见了。我用不着走出我那狭小的园子,就能捉到它们,想捉多少就有多少。每天晚上,我都听见它们在茂密的树丛草窠中鸣叫。要把握好这个好时机,机不可失,时不再来。

自六月起,我便把所捉到的足够多的一对对绿蚱蜢关进一只金属网钟形罩中,下面是一只瓦罐,铺了一层沙子做底。这漂亮的昆虫简直棒极了,全身淡绿色,身体两侧有两条白色的饰带。它体形优美,身轻体健,一对罗纱大翅膀,是蝗虫科昆虫中最优雅美丽的。我因捉到这样的一些俘虏而扬扬自得。它们将会告诉我些什么呀? 等着瞧吧。眼下必须把它们喂养好。

我给这帮囚徒喂莴苣叶。它们果然在啃咬，但是吃得极少，而且不屑于吃的样子。我很快就弄明白了：我养的是一些不太甘愿吃素的家伙。它们需要别的，看上去是想捕捉活食。但到底是哪种活食呢？一个偶然的机会碰巧让我知道了是什么。

破晓时分，我在门前溜达，突然旁边一棵梧桐树上掉下点什么东西，还吱吱地在叫。我赶忙跑上前去，是一只蚱蜢在掏空被它抓住的一只蝉的肚腹。蝉徒劳地鸣叫、挣扎，蚱蜢始终紧咬住不放，把脑袋深扎进蝉的内脏中，一小口一小口地撕拽出来。

我明白了：蚱蜢是一大早在树的高处趁蝉歇息时发动袭击的，受袭的被活活地开膛的蝉猛然一惊，随即进攻者和被袭者扭成一团跌落下来。那次以后，我曾多次看到这类似的屠杀场面。

我甚至见到过胆量过人的蚱蜢蹿起追捕晕头转向、乱飞逃命的蝉，犹如在高空中追逐云雀的苍鹰。与胆量过人的蚱蜢相比，猛禽略逊一筹：苍鹰是专攻比自己弱小的动物，而蝗虫类则相反，攻击比自己个头儿大得多、强壮得多的庞然大物，而这场实力悬殊的肉搏的结果是小个头儿必赢无疑。蚱蜢有极强的下颚和利爪，很少不把对手开膛破肚的，而后者因没有武器，只有哀嚎和挣扎的份儿了。

要紧的是要把猎物捉住，这倒并不难，趁夜间猎物打盹儿的工夫下手即可。凡是被夜巡的凶猛的蚱蜢撞上的蝉都难免惨死。这就可以理解了，为什么夜阑人静、蝉声停叫之时，有时会突然听见树冠中传出吱吱的惨叫声。那是身着淡绿色衣服的强盗刚刚捉住一只入睡了的蝉。

我找到我的食客们所需之食物了：我就用蝉来喂养它们。它们觉得这道菜非常合胃口，所以两三个星期的工夫，我那笼子里就一片狼藉：蝉脑袋、空胸壳、断翅膀、断肢碎爪，无处不在。只有肚子几乎整个儿地不见了。肚腹是块好肉，虽然营养成分不高，但看来味道很好。

确实，蝉腹中的嗉囊里积存着糖浆，那是蝉用自己的小钻从嫩树皮里汲出来的香甜液汁。是否就由于这种蜜饯的缘故，蝉的肚腹才成为猎人的首选？这很可能。

为了使食谱多样化，我其实还专门喂它们一些香甜的水果，如梨片、葡萄、甜瓜片等。这些水果它们都很爱吃。绿蚱蜢就像英国人：它非常喜欢浇上果酱的牛排。也许这就是它一抓住蝉就开膛破肚的缘故：蝉的肚子里装着裹着果酱的鲜美肉食。

并非在任何地方都可以吃到这种甜蝉美味的。在北方地区，绿蚱蜢遍地都是，它们不可能找得到它们在我们这儿所热衷的这种美食。它们大概还有别的吃食。

为了弄清楚这个问题，我给它们喂细毛鳃角金龟，这是一种夏季鳃角金龟，与春季鳃角金龟相同。这种鞘翅昆虫一扔进

　　笼里，绿蚱蜢们便毫不迟疑地扑上去了，吃得只剩下鞘翅、脑袋和爪子。我又投进去漂亮而多肉的松树鳃角金龟，结果也一样，第二天我发现它被那帮凶神恶煞给开膛破肚了。

　　这些例子已足以说明问题了。这证明蚱蜢是个嗜食昆虫者，尤其爱吃没有过硬甲胄保护的那些昆虫；这还证明它们特别喜欢肉食，但又像螳螂那样只吃自己捕获的猎物。这个蝉的刽子手还知道肉食热量太高，须用素食加以调剂。吃完肉喝完血之后，还要来点水果什么的。有时候，实在没有水果，来点草吃吃也是可以的。然而，同类相残仍然存在。其实我还从未看到笼中的飞蝗像螳螂那样的野蛮行径，后者经常拿自己的情敌开刀，吞食自己的情侣。不过，假若笼中某个体弱的飞蝗倒下，幸存者们会像对待一般猎物那样毫不迟疑地扑上去的。它们并不是因为食物匮乏才以死去的同伴充饥的。不管怎么说，凡是身有佩刀的昆虫都不同程度地有以伤残同伴为食的癖好。

　　除了这一点以外，笼子里的飞蝗们倒是和平共处地生活着。它们彼此之间从未见有过凶狠打斗，顶多也就是因食物而稍许争抢一番而已。我刚扔进笼子里一片梨，一只飞蝗便立即霸占上了。因为怕别人来争抢，它就踢腿蹬脚，不让别人过来抢它的美食。自私自利无处不在。它吃饱了，就把位子让给别人，后者随即也霸道地占着梨片。笼中的食客就这么一个一个地飞上去大吃大喝一番。吃饱喝足之后，大家使用大颚尖挠挠脚掌，用爪子蘸点唾沫擦擦额头和眼睛，然后便用爪子抓住网纱或伏在沙地上做沉思状，悠然自得地消食。白天的大部分时间都睡大觉，尤其是天气炎热时，更是如此。

到了日落西山、夜幕降临时，这帮家伙劲头便上来了。9点钟光景，闹腾得最欢。忽而猛地冲上圆顶高处，忽而又兴冲冲地下来，忽而儿再冲上去。大家吵嚷着来来去去，在环形道上跑跑跳跳，遇上好吃的便咬上两口，也不停下来。

雄性绿蚱蜢待在一旁，用触须挑逗路过的雌性。未来的母亲们庄重严肃地踱着步，佩刀半抬着。对于那些猴急的狂热雄性来说，现在的大事就是交配。有经验者一看就知道它们想干什么。

这也是我所观察的主要内容。我的愿望得以满足，但并不是完全满足，因为下面的好事拖得太晚，我没能看到最后那一幕。那最后的一幕要拖到深夜或者凌晨。

我所看到的那一点点只局限于没完没了的序幕那一段。热恋的情侣面对面，几乎头碰头地用各自的柔软触角彼此触摸，互相试探。它们仿佛两个用花剑互击来互击去以示友好的对手。雄性不时地鸣叫几声，用琴弓拉上几下，然后便寂然无声，也许是因为过于激动而没继续拉下去。11点了，求爱仍未结束。我实在是困得不行，颇为遗憾地撇下了这对情侣。

　　第二天早晨，雌性产卵管根部下方吊挂着一个奇特的玩意儿，是装着精子的口袋，宛如一只乳白色的小灯泡，大小如天平砝码，隐约地分成数量不多的长圆形囊泡。当雌性绿蚱蜢走动时，那小灯泡擦着地，沾上一些沙粒。然后，它拿这个受孕的小灯泡当作盛筵，慢慢地将其中的东西吸尽，再咬住干薄皮囊，久久地反复咀嚼，最后再全部吞咽下去。不到半天工夫，那乳白色的赘物消失了，连渣渣末末都全部被它美滋滋地吃光了。

　　这种难以想象的盛筵似乎是从外星球传入的，因为它与地球上的筵席习惯大相径庭。蝗虫科昆虫真是个奇特的世界，它们是陆地动物中最古老的动物中的一种，而且如同蜈蚣和头足纲昆虫一样，是古代习性沿用至今的一个代表。

狼　蛛

　　人类对蜘蛛的印象从来都不是很好，很多人都认为蜘蛛是一种很可怕的动物，这也许是因为它那狰狞恐怖的外表令人看了不由得心惊肉跳。而且，人们还认为蜘蛛都是有毒的，所以总是对它敬而远之。

　　蜘蛛确实有两颗毒牙，这种武器可以立刻把它的猎物置于死地。不过，这种毒性对于人类来说就显得微不足道了，甚至还没有被蚊子叮一口的后果严重。所以，认为所有蜘蛛都有很大的毒性，这种看法对大部分无辜的蜘蛛而言是非常不公平的。

　　但是，有少数种类的蜘蛛确实是有剧毒的。意大利人曾流传一种说法：人被狼蛛刺一下就会痉挛，从而疯狂地跳起舞来。要想治疗这种病，没有什么灵丹妙药，只有音乐，而且

仅有固定的几首曲子特别灵验。这种说法听起来似乎非常可笑。不过,仔细想想还是有点儿道理的。狼蛛的毒能使人精神失常,而只有音乐才能使人镇静下来,剧烈的跳舞又可以让人大量地出汗,也就把身体里的毒很快地排出来了,从而恢复常态。

我们这一带便有最为厉害的黑肚狼蛛。我们可以通过观察它,了解蜘蛛的毒性有多大。我养了几只黑肚狼蛛,它们的腹部长着黑色的绒毛和褐色的条纹,腿上有一圈圈灰白相间的条纹。

狼蛛最喜欢待在干燥的沙地里,我的一块荒地正好符合它们的要求。那一片沙地上有二十多个黑肚狼蛛的穴,狼蛛的洞穴就是用它们的那两颗毒牙挖成的。这个洞一开始是直的,越往下便渐渐弯曲起来,洞的边缘还有一堵矮围墙,那矮墙是用稻草、小石子和一些杂物的碎片建成的。我每次朝它们的洞里望去,总能看到四只大眼睛,它们都闪着钻石般的光芒。

我打算捉几只狼蛛进行观察,于是找来一只土蜂做诱饵。我把土蜂放在一个瓶子里,这个瓶子的口和狼蛛的洞口一样大。我把瓶口罩在狼蛛的洞口上。里面的土蜂先是在瓶里乱飞乱撞,后来发现了那个洞口,便飞了进去。这时,洞里的狼蛛见到有情况,便匆忙地往上赶,于是和那只土蜂在洞的拐弯处相遇。很快,就听到洞里一声惨叫,然后就是很长一段时间的沉默。

我把瓶子挪开，然后用钳子伸进洞口，把那只死土蜂拽了出来。狼蛛当然不甘心这到嘴边的肥肉溜走，所以它不顾一切地跟出洞口。我赶紧用石子把洞口堵住，这时，狼蛛有点惊慌失措。我很快用一根稻草将它拨进一个纸袋。用同样的方法，我又捉了一群狼蛛。

狼蛛只吃新鲜食物，它一捉到猎物便会把它杀死，然后立即吃掉。然而，要想得到鲜活的猎物，不是十分容易。牙齿坚硬的蚱蜢和带毒刺的蜂都有可能飞进狼蛛的洞中，而狼蛛的武器只有它的那两颗毒牙，这与蚱蜢和蜂的武器较量起来，也并不一定会占上风。

我已经看到了狼蛛如何生擒土蜂，我还想看看它与别的昆虫作战的情景。于是我找来一只木匠蜂，这应该是一个强大的对手。木匠蜂全身长着黑绒毛，翅膀上嵌着长长的丝线。它的刺很厉害，若是被它刺到，不但会感觉很痛，还会肿起一块，那肿块要很长时间才能慢慢消退。我把一只木匠蜂放入瓶子里，然后把瓶口罩在狼蛛的洞口上。那木匠蜂在玻璃瓶里嗡嗡地叫着，这声音惊动了洞里的狼蛛，它从洞口爬了出来。不过，它爬出半个身子，看看四周，一直不敢贸然行动。大概过了三十多分钟，这只狼蛛竟又回到洞里去了。

于是，我又到别的洞口去试。终于有一只狼蛛，它好像太

饥饿了，一听到洞口外面有动静，便猛地一下冲了出来。一眨眼的工夫，那只强壮的木匠蜂就死了，战斗便以此而告终。狼蛛的毒牙刺到了木匠蜂头部的后面，那里应该是木匠蜂的致命之处，要不它为何连最后的一点儿挣扎都没有呢？

在后来的几次实验中，狼蛛也总是能干净利落地把对手干掉。它们先是在洞里静静地观察洞口的猎物，迟迟不敢出击。但是，一旦等到机会，只要大蜂的正面对着它，狼蛛便会立刻出洞，以迅雷不及掩耳之势用毒牙刺向猎物的头部。

狼蛛的毒素很厉害。有一次，我让一只狼蛛去咬一只羽毛未丰的幼小麻雀。那只麻雀受伤后，流出一滴血。它的伤口有一个红红的圈，一会儿，那个圈又变成了紫色。小麻雀只能用另一条腿蹦跳着前行，那条受伤的腿已经使不上劲了。不过小麻雀的胃口还是很好的，喂了它一些苍蝇、面包和杏酱，它都吃了。照这样看来，这只小麻雀很快便可以痊愈了。十几个小时过去了，一切都还很正常，小麻雀的情况依然很乐观。可是，又过了两天，小麻雀便不再进食了，它的羽毛凌乱，身体缩成一团，还不时地发出一阵阵痉挛。之后，它痉挛的频率越来越高，最终还是离开了这个世界。

后来，我又在田野里捉住一只鼹鼠，并想用它再来做一次实验。我把鼹鼠放进笼子里，让一只狼蛛跟它亲密接触，那狼蛛咬了鼹鼠的鼻尖。鼹鼠被咬之后，就不停地用它的爪子挠自

狼 蛛
LANGZHU

己的鼻子。它的鼻子开始慢慢地腐烂。鼹鼠被咬的第一个晚上就开始食欲不振了，它行动迟缓，好像全身都不舒服。第二天晚上，鼹鼠滴水不进。又过了一天，鼹鼠就死了。

看来，狼蛛的毒牙不仅可以使昆虫致死，就是大一点儿的小动物也会在它的毒素作用下，很快结束生命。不过，这种可怕的狼蛛非常爱护家庭，这一点也许会让你改变对它的印象。

八月里，有一个清晨，我看到一只狼蛛正在地上织网，那网和人的手掌差不多大。这个网既不精细也不美观，不过很坚固。网织好后，狼蛛又在上边用最好的白丝织成一小片席子，那席子有一枚硬币那么大。狼蛛又把席子的边缘加厚，使它成为一个碗的形状。然后，狼蛛便在里面产下卵，接着又用丝将卵盖好。这样，看上去就像一个圆球放在一条丝毯上面。狼蛛用后腿将攀在圆席上的那些丝抽出来，把圆席的边卷上来，盖住中间的球，这就形成了一个袋子。之后，它会用牙齿和后腿，用力将藏着卵的袋子从丝网上拉下来。

这个袋子是一个白色的丝球，跟樱桃差不多大，摸上去很软又很黏。这个袋的中央有一道折痕，这道折痕便是圆席的边。圆席把袋子的下半部都包住了，而上半部则是狼蛛的幼虫出来的地方。狼蛛的袋子里除了卵，没有其他什么东西，不像条纹蜘蛛那样里面有红色的柔软的丝。因为，狼蛛的卵在冬天

来临之前就可以孵化出来，所以，不必担心寒冷的气候会对袋子里的卵产生什么影响。母狼蛛要花一早上的时间才能把这个袋子编织好。之后，它便抱着这个宝贝小球，静静地休息起来。到第二天早上，母狼蛛就把那个小球挂到自己身后的丝囊上。

当夏天结束的时候，母狼蛛就会带着它的小球爬到洞口，然后静静地趴在那里。此时，它的后半身在洞外，前半身还在洞里。它用后腿将小球举到洞口，还轻轻地转动它，好让它的每一个部分都充分接受阳光的照射。就这样，直到太阳落山，它一直在洞口趴着，耐心地做着这项工作。

这项需要耐心的工作并不只是要一两天，而是在接下来的三四个星期里，它每一天都要坚持做。这就像母鸡用体温来孵蛋一样，狼蛛则要让自己的卵长时间吸收太阳的热量来孵化。

小狼蛛在九月初的时候就可以出巢了。当它们准备从巢里出来的时候，小球就会沿着那道折痕裂开。小狼蛛出来以后就会爬到母狼蛛的背上，它们紧紧地挤在一起，有二百多只，母狼蛛身上就像是包了一块树皮。这时，那个装卵的袋子也自动从丝囊上脱落，被抛在一边。

小狼蛛们在母狼蛛的背上乖乖地待着，母狼蛛就背着它们到处去逛，或者在外面晒晒太阳，或者回到洞里休息。

三月的时候，母狼蛛还在洞里背着那些小狼蛛。这样看来，小狼蛛们在母狼蛛的身上至少要待上五六个月。母狼蛛背着小狼蛛们出征，这对那些小东西来说应该是很危险的，因为它们难免会被路上的草叶、枝条拨到地上。而母狼蛛要照顾几百只小狼蛛，它会不会注意到掉在地上的小狼蛛呢？它会不会帮那小狼蛛重新爬到自己的背上呢？

我在实验室的泥盆里养了几只狼蛛，并对它们进行细致的观察。当我用笔将一只母狼蛛背上的小狼蛛刮下来时，那只母狼蛛仍若无其事地往前走，丝毫没有要帮助那些小狼蛛的意思。那些落在地上的小狼蛛在沙地上爬了一会儿，便陆续攀住母亲的脚，然后顺着脚往母狼蛛的背上爬。不一会儿，它们就一个不落地齐聚到母亲的背上了。看来，这些小狼蛛很会照顾自己，它们不需要母狼蛛为它们费太多的心。

如前所说，小狼蛛们通常会在母狼蛛背上待五六个月，那么这段时间内它们吃不吃东西呢？母狼蛛会不会把自己猎取的食物分给自己的孩子吃呢？

经过观察，我发现母狼蛛一般都是在洞里吃东西，偶尔也会到洞口用餐。母狼蛛在吃东西的时候，那些小狼蛛在它的背上一动不动，似乎那美味对它们没有丝毫的诱惑力。母狼蛛狼吞虎咽地把食物吃得一干二净，看上去也没有给孩子们留一点儿的意思。

在这五六个月的时间里，小狼蛛们是靠什么来维持生命的呢？会不会是从母狼蛛的皮肤里吸收营养呢？可是根据我的

观察，那些小狼蛛并没有用嘴巴贴在母狼蛛的身上吮吸，母狼蛛也没有因为失去营养而变得消瘦，它甚至比以前更健硕了。如果说那些小狼蛛以前在卵里便吸取了养料，但是那些养料也太微乎其微了，似乎难以维持那么长时间的生命所需。所以，小狼蛛们的身体里一定有另一种能量。

如果小狼蛛们始终一动不动，那就很容易理解它们为什么不需要食物了。因为完全静止就相当于没有生命，所以也就不耗费能量，就不需要养料。然而，事实并不是这样，它们虽然常常趴在母狼蛛的背上，但当它们被草叶拨到地上时，又会迅速地运动起来，爬回母狼蛛的背上，所以，它们并不像冬眠一样处于静止状态。

动物只要运动就要消耗能量，消耗的能量又必须从别的地方得到补偿。虽然小狼蛛们在母狼蛛背上的这段时间里，身体并没有长大，但它们还是在运动的，而且运动得很敏捷，它们一定是从什么地方取得了产生能量的食物。

不管是植物还是动物，大家归根结底都是靠太阳的能量来生存的，那些能量储存在一切可以作为食物的东西里。太阳是能量的最高赐予者，有了太阳，地球上才有了生命。所以，除了通过进食来获取和增加能量，动物们会不会直接接受太阳的照射，而在自身体内产生能量呢？就像蓄电池充电那样？

据此推想，将来我们可以通过人工食物来维持生命。那

个时候，所有的农田都变成了工厂和实验室，化学家们的工作就是配置人工纤维食物和可以产生能量的食物；物理学家们则设计一些精巧的仪器，通过它们将太阳能直接注射进我们的身体。那样我们就可以不吃东西，只要吃太阳的光线，就可以获得能量，从而维持生命、进行各种活动。那将是一个多么奇妙的世界啊！

到三月底的时候，小狼蛛们就该跟母亲告别了。这个时候，母狼蛛常常会在洞口的矮墙上蹲着，它好像早就预料到有离别的这一天，所以很坦然地任由孩子们离去。自此以后，小狼蛛的命运便真正由自己把握了，母狼蛛再也不需要对它们负任何责任了。

小狼蛛们三三两两地从母狼蛛的身上爬下来，它们先在沙地上爬一会儿，接着就急匆匆地爬到我的实验室的架子上。与它们的母亲喜欢住在地下的习性恰恰相反，这些小狼蛛喜欢往高处爬。那个架子上有一个竖着的环，小狼蛛就顺着这个环爬到架子上。在那里，小狼蛛们开始快活地抽着丝、搓着绳。只见它们的腿在空中不停地伸展着，看样子它们还想爬到更高、更远的地方。

我瞬间明白了它们的心思，便又在环上插了一根树枝。那些小狼蛛立即顺着树枝往上爬，直至爬到那根树枝的顶梢。在那里，它们又抽出丝来，攀在周围的物体上，很快就搭成了一

座吊桥。小狼蛛便在那座吊桥上走来走去，看起来十分忙碌。但是它们此时似乎并没有满足，还一个劲儿地想往上爬。于是，我又在架子上插了一个很高的芦梗，芦梗的顶端还有几根细枝。那些小狼蛛发现了这根芦梗后，便迅速地攀爬上去，一直到了细枝的末梢，它们又大张旗鼓地抽丝、搭桥。不过，它们这回抽出的丝非常细，要不是有阳光的照射，是很难看清楚的。这种丝不仅细还很长，在空中飘浮着，只要轻轻地吹上一口气，它就会剧烈地抖动起来，那些小狼蛛在上面便好像是随风舞动。

忽然，一阵微风吹来，那细丝被吹断了，断下来的丝便在空中随风飘扬。小狼蛛吊在断了的丝上，也跟着荡来荡去，一直等到风停了才能着陆。如果风再大一些的话，小狼蛛和那断了的丝会被吹到很远的地方，小狼蛛便会在那个陌生的地方重新登陆，然后安营扎寨。

小狼蛛们爬到高处忙碌地抽丝、织网，这种情形会持续好多天。不过，一般都是在天气晴朗的时候，它们才热火朝天地工作。到了阴天，它们就会慵懒地躲在一旁，动都不想动，大概是没有阳光提供能量它们就不能精力充沛地自由活动了吧。

不久，那些小狼蛛就纷纷离开了这个庞大的家族，它们随着飘浮的丝分散到各个地方。而那个曾经背着一大群孩子的母狼蛛此时已变得孤苦无依。不过，它并没有因为失去孩子们而感到痛苦和沮丧，倒像是卸去了沉重的负担，变得轻松起来。它又精神焕发地到处去觅食了。此后不久，它就会做祖母了，再过一段时间还会做曾祖母，这完全是有可能的，因为一只狼蛛的寿命能长达好几年。

　　从前面的观察中我们可以看出，小狼蛛在刚离开母亲的背时，有一种攀高的本能。不过，等它们流浪了几天以后，便不再兴致勃勃地攀高了，而是开始在地上挖洞了。此后，它们也不会爬到很高的地方去了。

　　而它们一开始那样轻松地爬到高处，只不过是想在尽可能高的地方攀上一根长长的丝，然后借着风力，让自己飘到远方，在那里安一个新家而已。

蟹　蛛

蟹蛛的外表非常美丽。它们的皮肤像缎子一样美丽，有的是乳白色，有的是柠檬色；腿上有粉红色的圆环；背上有深红色的花纹；有的在胸的左边或右边还有一条淡绿色的带子。这身外衣虽然比不上条纹蜘蛛的服装华丽，但由于它的花纹特别细致，颜色搭配又很协调，所以更显典雅、高贵。

很多见了别种蜘蛛都躲得远远的人，见到美丽的蟹蛛却怎么也怕不起来，因为它们长得实在太漂亮、太可爱了。如果它们是一些不会动的、全身长满绒毛的小玩具，大家一定会对它们爱不释手。

虽然蟹蛛有件美丽的外衣，但是它们的身材并不怎么好。它们的肚子看上去就像一个又矮又胖的锥体，而且底部两侧还各有一块稍稍隆起的肉，就像驼峰一样。

蟹蛛走路的时候跟螃蟹一样是横向的，也是前足比后足粗壮结实，所以人们才称它们为蟹蛛。蟹蛛是一种不会织网的蜘蛛，它们不会用网去猎取食物，而是有自己独特的捕食方式：伏击，然后掐住猎物的脖子。

蟹蛛很偏爱一种名叫岩蔷薇的灌木丛，经常会埋伏在那里等待猎物出现，只要猎物从身边经过，它们就会立刻扑上去在猎物的颈部轻轻一刺，很快，那猎物就一命呜呼了。在观察中，我发现蟹蛛最喜欢的猎物是蜜蜂。

勤劳的蜜蜂在采蜜的时候是非常用心的，它们从不三心二意、左顾右盼。当一只蜜蜂在花蕊上聚精会神地工作，正心满意足地把自己的"花篮"装满花粉时，蟹蛛常常会悄悄地爬出来，慢慢逼近蜜蜂的背后，然后猛冲上去，咬住蜜蜂的颈背。

这一咬正中蜜蜂颈背部的神经中枢。可怜的蜜蜂虽然拼命反抗，螯针乱扎乱刺，但由于神经中枢被麻痹，不一会儿就不能动弹了。这个小生命就这样在不知不觉中结束了，蟹蛛则心满意足地吮吸着蜜蜂的液汁，吸完以后便把那具遗骸无情地抛弃在原地，大摇大摆地离开了。然后，它们重新潜伏起来，继续等候下一个猎物的到来。

每当发现花朵上有一只一动不动的蜜蜂时，我第一时间赶过去，就会在旁边发现蟹蛛的身影。这位刚刚得手的捕猎者，正在享用自己的美餐。

　　虽然蟹蛛捕杀蜜蜂是如此残忍，但它们对待自己的孩子却是那么富有母性和责任感，这种反差不得不让人惊叹。

　　一天，我看到一只蟹蛛正在一丛花中间筑巢。蟹蛛喜欢选择枯萎的岩蔷薇枝，在位置高高的地方建立育儿房，这样可以尽情享受阳光的热量。那巢是一个白色的丝袋，样子像个圆锥。丝袋的一部分露在外面，一部分隐藏在树叶里面，这就是蟹蛛卵居住的地方。

　　在丝袋的口上，也就是蛛巢的顶部，有一个用绒线织成的圆盖子，那绒线里还夹杂着一些凋谢的花瓣。这个盖子就是蟹蛛的瞭望台。在这个瞭望台上，蟹蛛会一直守望着四周，像个卫兵一样，为巢里的卵宝宝站岗放哨。

　　自从开始产卵后，蟹蛛就会慢慢地消瘦下去，但精神不会放松，时刻紧张地在瞭望台上注意周围的动静。一旦巢穴周围有一丝风吹草动，蟹蛛就会全身紧张，投入战备状态，挥着一条腿威吓来惊扰它的不速之客。它激动地做着手势，叫对方赶紧滚开，否则后果自负。它那狰狞的样子和激动的动作，的确能把那些怀有恶意或无辜的外来者吓一大跳。把那些鬼鬼祟祟的家伙赶走以后，蟹蛛便心满意足地回到自己的岗位上，继续严阵以待。在这一点上，蟹蛛和狼蛛有着相似的勇敢、忠诚和母性。

　　有一次，我拿着一根草棍去挑逗一只蟹蛛，它的反应非常激烈，拼命用腿击打草棍，就像一个拳击选手在击打沙袋似的。后来，我尝试着想让它挪个地方，用了好大力气才把它拖出来，但我一松手，它马上又回到自己的岗位上。很明显，蟹蛛是不会离开自己的孩子的。

此外，我还尝试过把一些蚕茧的碎片放到蟹蛛的巢上，企图迷惑这个忠于职守的母亲。我曾用这个方法成功地迷惑住了狼蛛，狼蛛把这些碎片当成了自己的卵袋，带在身上走来走去。狼蛛分不清自己的卵和别人的卵，也分不清别人的巢穴和自己的巢穴。但这次我失败了，被迁移到蚕茧碎片上的蟹蛛坚决不肯接受这些东西，不肯在此安营扎寨。蟹蛛是不是比狼蛛聪明呢？也许是，但也可能是因为我的仿制品太过粗糙了。

到了五月底，产卵期结束了。蟹蛛便舒展开自己的身体，把它的卵遮住，一天到晚守在巢上，不离开半步。这时，它已经非常羸弱，似乎一阵风吹来，就能把它卷走似的。于是，我挑选了几只鲜美的蜜蜂给它，但蟹蛛理都没理那些"嗡嗡"乱叫的蜜蜂，美食失去了吸引力。它不吃不喝，不眠不休，只是静静地待在卵袋上，一刻不离地守护着小宝贝们。

蟹蛛用身体来遮蔽它的卵，等待着它们孵化，这让我联想到母鸡孵蛋。母鸡在孵蛋的时候也是让蛋待在自己的身体下面，把身体的温度传导到蛋上，从而使蛋得以孵化。而蟹蛛母亲并不向卵提供什么热量，即使它有这份心，它也已经没有能

力了，因为此时雌蟹蛛的生命力已经很衰弱了，而且蟹蛛的卵只需靠太阳的热量就足够了。所以，雌蟹蛛在此守候的目的并不是孵化蟹蛛卵。那它等待的又是什么呢？

这样过了两三个星期，雌蟹蛛因为一点东西都没有吃，所以一天比一天消瘦。但是，它仍然无怨无悔地守护着巢里的卵。它为何要苦苦地支撑着呢？是什么值得这只雌蟹蛛坚强地支撑着自己活下去呢？它是想亲眼看到自己的孩子们出世吗？

我们知道，雌条纹蛛非常勤快地为它的孩子们建了一个安乐窝，之后便一去不回头。因为它的寿命太短，所以再也不能顾家了。它在第一次寒流来袭的时候，生命就会结束，而它的卵则要到来年春天才能孵化。条纹蛛的孩子们离开那个气球形状的巢时，没有谁来帮它们把巢打破，因为它们的母亲早已离开了这个世界。幼小的条纹蛛又没有能力自己破巢而出，所以只能等到巢自动裂开时，它们才可以爬出来。

但蟹蛛的巢不像条纹蛛的巢，顶土的盖子不会自动裂开，那小蟹蛛们是怎样从这封闭得很严密的巢中爬出来的呢？在它们爬出来之前雌蟹蛛已经耗尽了生命。谁帮它们来打破巢呢？

小蟹蛛们孵化以后，我发现在巢的盖子边缘有一个小洞。这个洞并不是早就有的，显然是谁悄悄地在那里咬了一个孔，为的就是让里面的小蟹蛛们可以通过这个孔钻出来。蟹蛛的巢四壁又厚又粗，那些柔弱的小蟹蛛绝对没有力量把巢咬破。所以，我猜想，这个小孔肯定是雌蟹蛛在生命垂危的时候打通的。它一边为巢里的孩子们站岗放哨，一边静静地感受里面那些小生命的举动。等那些小生命开始躁动不安时，雌蟹蛛就知道它们要出来了，所以用尽最后一点力气，在盖子上打通了那个小孔。此后，它便安心地死去了。

虽然雌蟹蛛虚弱得随时都可能死掉，可是为了这最后一个愿望，它一直顽强地支撑了几个星期。雌蟹蛛死的时候非常平静，胸前还死死地抱着那个巢，身体慢慢缩成僵硬的一团。

多么伟大的母亲啊！之前我曾不止一次地被雌蚁的牺牲精神所感动，可是它们和雌蟹蛛相比，似乎还略逊一筹。

七月的时候，实验室里的小蟹蛛们纷纷从巢里爬了出来。我知道它们有攀绳的嗜好，便把一捆细树枝插在它们的笼子上。果然，它们立刻沿着铁笼很快地爬到树枝的顶端，又很快地用交叉的丝线织成互相交错的网，这便是它们的空中"沙发"。它们安静地在这"沙发"上休息几天，随后就开始搭起"吊桥"来了。

我把爬着许多小蟹蛛的树枝拿到窗口的一张桌子上，然后把窗户打开。不久，小蟹蛛们便纺线做起它们的飞行工具来。不过它们做得很慢，因为它们总是三心二意的，一会儿爬到树

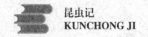

枝下面，一会儿又回到顶上，好像不知道自己要干什么，又不知道该怎么干。

照这种速度，它们在那儿忙活半天也不会有什么成果。它们都急于要飞出去，可就是没胆量。在中午十一点钟的时候，我把载着小蟹蛛的树枝拿到窗栏上，让太阳照射到它们的身体上。几分钟以后，太阳的光和热在它们的身体里积聚起来，成为一个小发动机，驱使它们纷纷活跃起来。只见它们的动作越来越快，越来越敏捷，都一个劲地往树枝顶上爬去。到达树梢后，它们飞快地纺起丝线，蓄势待发。

突然刮起了一阵风。哎呀，那些蟹蛛是那样轻巧，它们编的丝又那么细，风会把它们卷走吗？

我仔细地看了看，风的确把细丝扯断了，有几只小蟹蛛顺着风在空中飘荡了一会儿便随着它们的降落伞——断丝飘走了。它们越飞越高，越飞越远，飞到又黑又暗的叶丛中，犹如一颗颗闪亮的明星。我静静地望着它们离去的背影，直到它们在我的视野里消失。最初，只有极少部分小蟹蛛飞了出去。它们有的飞得很高，有的飞得很低；有的飞往这边，有的飞往那边，最终都找到了自己的安身立命之处。

最后，所有的小蟹蛛都准备起飞了。这时已不是开始的时候那样三三两两地飞出，而是呈放射线状一队一队地飞出了，也许是被几个先锋的英雄行为感染、激励了。不久它们就陆续安全着陆了，有的在远处，有的在近处。丝线这个简单的降落伞成功地完成了它的使命。

关于后来发生在小蟹蛛们身上的故事，我就不知道了。它们怎么捕食小虫子呢？小虫子和小蟹蛛争斗的话，谁又会占上风呢？它们会受哪些天敌的威胁呢？我都不得而知。不过，等到明年夏天，我们是一定可以看到它们已经长得很肥很大，纷纷躲在花丛里偷袭那些勤劳采蜜的蜜蜂了。

松毛虫

　　每年，松毛虫都会在我的园子里的那几棵松树上做巢，那几棵高大的松树都快被这些松毛虫啃光了。所以，以往每到冬天，我就得花费很大的力气来毁坏和清除这些巢，以免来年松树遭受更大的迫害。因此，我愤愤不平，一直想把它们赶走。

　　不过，现在我突然对这些小松毛虫产生了兴趣，于是决定先让它们暂时安居在我的松树上，一年，两年，甚至更久，直到我了解了它们的全部故事为止。

　　很快，就在离门不远的松树上，我发现了三十几只松毛虫的巢。天天看着它们在眼前爬来爬去，使我迫切想了解松毛虫的故事。这种松毛虫也叫作"列队虫"，因为它们总是一只跟着一只，排着队去行动。

　　我们首先来看看松毛虫的卵吧。八月的上半个月，若是到松树间细细察看，我们就会在浓绿的松叶丛里找到一些白色的小圆柱，这就是松毛虫母亲所产的虫卵群。

每个小圆柱体都包裹在一对对松针的根部，约有三厘米长，四~五厘米宽。从外观上看，就像榛树未曾开花的柔荑花序一般。这个卵群白里略带点黄色，上面还有一些鳞片状的东西，看起来就像屋顶上叠着的层层瓦片。这些鳞片牢牢地粘在小圆柱体的顶部，它们上面有一些柔软的绒毛，可以防止雨水或者露珠渗透到里面，起到保护虫卵的作用。

那么，这些绒毛是从哪里来的呢？原来，这都是松毛虫母亲从自己身上脱下的毛——它从自己身上拔下一部分毛，给虫卵做了一件温暖的外套。

如果用钳子把圆柱体上面的一层带有绒毛的鳞片拨开，我们就会看到那些虫卵了，它们就像一颗颗白色珐琅质的小珠子。这些小卵密密地挨挤着，排成纵队，整个圆柱体里有三百多个卵，这些卵都是一母所生。

那些珐琅质的小珠固然美丽，但它们那种有规则的排列方式更让我感兴趣。相邻两列的虫卵交错地排着，竟没有一点缝隙。大自然中的一切都是那么有规律，妙不可言。一种花瓣的曲线有规则地呈现出来，甲虫的鞘翅上有着精美的图案……这些似乎都不是偶然。我们只能猜想有一位"美"神在默默地设计着大自然，使它呈现出缤纷的色彩。

　　九月时，松毛虫卵开始孵化。把圆柱体的鳞片稍微掀开一点点，我们就可以看到里面有黑色的小脑袋在啃咬着，试图弄破、推开上面的顶板。那些黑色的小脑袋下面是淡黄色的身体，上面长满了纤细的毛，纤毛有黑色的，也有白色的。这些小脑袋都黑得有些发亮，竟有身体的两倍粗。

　　那些小虫出生后，就会立刻爬到圆柱体的上面，吃起托着自己巢的那些针叶。如果有几条恰巧落到一起的幼虫吃饱了，它们便会自然地排成一条长队前行。

　　等同伴们都吃饱了，那些小虫便开始做帐篷了。这时，它们会在自己巢的附近用一张稀疏的网做成一个小球，这个小球由几片叶子支持着。在中午太阳光最强烈的时候，小虫们便在那个球形的帐篷里面睡大觉。下午凉爽一些之后，它们就都跑出来找东西吃。

　　多么惊人啊——松毛虫从卵里孵化出来还不到一个小时，却已经会做许多工作了：吃针叶、排队和搭帐篷，简直是个天才！

　　那个帐篷是不断扩建的，一天以后就会有榛子那么大，两个星期后就能有苹果那么大了。

　　这个帐篷不仅能解决小虫们住的问题，还能解决它们吃的问题。小虫们一边扩建帐篷，一边吃着帐篷内的针叶，这样那些柔弱的小家伙还能减少一些外出觅食的危险。当它们把支持着帐篷的针叶都吃光了以后，帐篷就会被风吹落。这时，小虫们便会选择一个新的地方，另建一个帐篷，继续在里面吃、住。它们就像游牧民族一样，过着迁徙生活，有时甚至能迁徙到松树的顶端。

其实，那个球状的帐篷只不过是小虫们秋日的临时住所，并不是它们过冬的地方。到了十一月，天气变冷时，松毛虫便开始在松树的高处选择一个树叶密集的枝梢，在那里搭建冬天的帐篷。

此时的松毛虫已经换了一套行装：背上长了六个红色的小圆斑，小圆斑周围环绕着红色和绯红色的刚毛，红斑中间又夹杂着金黄色的小斑，身体两边和腹部长着白色的毛。过冬的帐篷建成以后，松毛虫便会用丝织的网将附近的叶子网罗起来，使得帐篷更加牢固。这个帐篷有两个拳头般大小，从上往下渐渐变小，并把支撑它的树杈囊括进来。这个卵形帐篷的中央有一圈较粗的乳白色丝带，丝带里还夹杂着一些松叶。帐篷的顶上还有一些圆形的孔，这些孔就是松毛虫们爬进爬出的洞口。

帐篷外面的松叶顶端有一张丝网，这是松毛虫们经常晒太阳的阳台。上午10点钟左右，松毛虫们就会集体外出，到阳台上晒太阳。它们在暖洋洋的阳光下慵懒地打着盹儿，到了傍晚时便会醒来，集体回巢。

它们一边爬行一边吐出丝线，这就使它们的巢越来越大，也越来越坚固。为了使巢牢固得足以抵挡住冬天的狂风，它们还把一些杂物掺在丝线里做进巢里。

每天晚上，松毛虫总有两个小时左右的时间在做吐丝的工作。它们早已忘记秋天了，只知道冬天快要来了，所以每一条松毛虫都抱着愉快而紧张的心情工作着，它们似乎在说："松树在寒风里摇摆着它那带霜的枝丫的时候，我们将彼此拥抱着睡在这温暖的巢里！多么幸福啊！让我们满怀希望，为将来的幸福努力工作吧！"

不错，亲爱的毛松毛虫们，人类也和你们一样，为了求得未来的平静和舒适而孜孜不倦地劳动着。让我们怀着希望努力工作吧！你们为你们的冬眠而工作，那能使你们从幼虫变为蛾，这是生命的轮回。不管你们与我们的目的有什么不同，但都同样是对生活充满希望，从不轻易放弃。

松毛虫做完一天的工作就该用餐了。它们都从巢里钻出来，爬到巢下面的针叶上去用餐。它们都穿着红色的外衣，一群群地趴在绿色的针叶上，树枝都被它们压得微微向下弯了。

多么美妙的一幅图画啊！这些食客都静静地、安详地咬着松叶，它们那宽大的黑色额头在我的灯笼下发着光。它们总是要吃到深夜才肯罢休，回到巢里后，还要工作一会儿。当最后一批松毛虫进巢的时候，已经是深夜一两点钟了。

松毛虫所吃的松叶通常只有三种，如果拿其他常绿树的叶子给它们吃，即使那些叶子的香味足以引起它们的食欲，它们也是宁可饿死而不愿意尝一下的。这似乎没什么好说的，松毛虫的胃和人的胃有着相同的特点。

松毛虫们在松树上走来走去的时候，一路吐着丝，织着丝带，回去的时候它们就依照丝带所指引的路线回巢。

有时，某个松毛虫找不到自己的丝带，便会顺着其他同伴的丝带回到别人的巢。不过，那个巢的主人并不会对这个不速之客表示出不友好，也不介意它留宿在自己家里，总之毫无生疏的感觉。那个陌生的客人加入了新家庭，也会很卖力地跟新的家庭成员一起建设家园。

"人人为我，我为人人"是它们的信条，每一条毛松毛虫都尽力地吐着丝，使巢增大、增厚，不管那是自己的巢还是别人的巢。事实上，正是因为这样才扩大了总体上的劳动成果。如果每个松毛虫都只筑自己的巢，宁死也不愿替别人的家卖命，结果会怎样？我敢说，一定会一事无成，谁也造不了那样又大又厚的巢。小松毛虫们正是因为深深明白个体力量的弱小，它们才心甘情愿地与成百上千个伙伴一起合力工作。每一条小小的松毛虫，都尽了自己应尽的一份力。

松毛虫的巢有大有小，最大的要比最小的大五六倍。为什么会有这么大的差距呢？因为每个松毛虫家庭中，成员数量是不断变化的。在大量繁殖的家庭中，总是不可避免地要有成员的损耗，幸存下来的往往是少数比较强壮的个体。

曾经有一个很古老的故事。话说船上有一群羊，当那只头

羊被扔下大海以后，其他的羊也都自觉地跟着跳进海里。这种盲从看上去很愚蠢可笑，但是动物的这种本能都是缘于它们生存的需要。

松毛虫也有诸如此类的表现，甚至比那些羊表现得更为强烈。它们在出行时，总会排成整齐的队伍，第一条松毛虫往哪里爬，后面的松毛虫就跟着往哪里爬。它们一条接着一条，首尾相连，中间几乎没有任何空隙。无论为首的那只是在原地打转，还是歪歪斜斜地走，后面的都会照它的样子做，无一例外。领头的那条松毛虫会吐出一根很细很细的丝线，后面的松毛虫也会跟着吐出同样的丝线并叠加在第一根上，从而形成一条加厚加宽的丝带。这条丝带又软又滑，它便是松毛虫们所修筑的路，真是够奢侈的。

松毛虫们为何要不计代价地修筑这样一条路呢？这是因为松毛虫往往在夜间外出觅食。它们常常在松枝间爬来爬去，一边前行，一边啃食针叶。吃着吃着，它们便不知道自己走出家门多远了，也辨不清家的方向了。

等吃饱了，这条一路铺设的丝带便是它们通往自己家园的平坦大道。有了这样一条大道，它们便不必再爬上爬下、爬左爬右地摸索着前进了。它们可以直接排着队，很快就能顺利地原路返回家了。

也有时候，松毛虫们在白天也要排着长队远行——不是去寻找食物，只是想多看看这个世界。这个时候，那条丝带同样可以起到指引路线的作用。这个队伍越长，铺设的丝带也就越宽。有时离家太远了，松毛虫们不能在天黑前赶回家，就只能在外面风餐露宿。这时，所有的松毛虫会蜷成一团，紧紧地彼此依偎着。第二天，它们便会沿着那条指引道路的丝带回到自己的家。

在松叶间寻找食物时，松毛虫们也会分散到各处去。但是，一到集合时间，松毛虫们便都循着丝线的路径从各个方向聚拢到丝带上来。所以，这条丝带并不仅仅是一条指引回家的路，还是凝聚集体中所有成员的一条纽带。

每个松毛虫队伍中，都有一条领头的松毛虫。至于这条松毛虫为何有资格作为领头，这完全出于偶然。它既不是指定的，也不是固定的领头，今天你做，明天它做，毫无规则可言。它担当总指挥的任务也许只完成一次就够了，等到下次队伍重新组合时，领头的松毛虫也会随之更换。尽管松毛虫队伍的领头都是临时的、随机的，可不管哪条松毛虫担当这个职务，它都会非常尽心尽责，因为是领袖，就该拿出领袖的样子来。在前进过程中，领头的松毛虫总是不停地探头，寻找前进的路径，丝毫不敢懈怠。不过，它真的是在察看地势吗？还是它找不到引路的丝线，心里正犯嘀咕？看着它那又黑又亮的小脑袋，我实在猜不出它到底在想什么。

　　松毛虫的队伍长短不一，相差悬殊。我所看到的最长的队伍有12码（1码=0.9144米）或13码长，其中包含200多条松毛虫，它们排成极为精致的波纹形的曲线，浩浩荡荡的。而最短的队伍一共只有两条松毛虫，但它们仍然遵从原则，一只紧跟在另一只的后面。

　　有一次，我决定要和松毛虫开个玩笑，我要用它们的丝铺一条路，让它们依照我所设想的路线走。既然它们只会不假思索地跟着别人走，那么如果我设计一条既没有起点也没有终点的圆形路线，它们会不会在这条路上不停地打转呢？

　　一个偶然的发现帮我实现了这个计划。在我的院子里有几个栽棕树的大花盆，盆的圆周约有一码半长。松毛虫们平时很喜欢爬到盆口的边沿，而那边沿恰好是一个现成的圆。

　　有一天，我在松树上取下一段松毛虫的丝带，将它沿着一个很大的花盆铺成一条环形的路。

　　很快，我看到一大群松毛虫向着盆沿爬过来，它们应该是到这条丝带处集合了。接着，这些松毛虫排着长队，开始沿着花盆的边缘转。我清除了一些松毛虫，以使剩下的松毛虫队伍正好能够绕花盆一圈，这样它们都是首尾相连，根本就不存在所谓的领头松毛虫了。每条松毛虫都紧跟着它前面的那条松毛虫，坚定不移地跟着它前行。

　　好戏开演了——我看到这支队伍开始在丝带的指引下，绕着花盆的边缘，一圈又一圈，机械地做起了环形运动。

从前，有个故事中说过：有一头驴子，它被安放在两捆干草中间，结果它竟然饿死了，因为它直到饿死都没想好该先吃哪一捆。其实，现实中的驴子没有那么蠢，它会直接把两捆一起吃掉。松毛虫会不会表现得聪明一点呢？它们会一直走下去吗？

我想再过上一两个小时，这支队伍中的某一条松毛虫便会突然发现它们的错误，而带领大家重新选择一条道路。可是，几个小时过去了，天都快黑了，这些松毛虫竟然不顾饥饿，也不为找不到家而焦急，仍在那里转着圈。

天越来越晚，也越来越冷了，松树上的那些松毛虫都已经出来开始找东西吃了。这一队松毛虫却还在转圈，虽然它们爬行的速度减慢了，可仍旧坚持不懈地绕着花盆边沿走着，它们一定以为马上可以到目的地，跟同伴一起共进晚餐。它们已经走了十多个小时，一定饿坏了。其实，离它们两步远的地方就有一棵松树，只要它们离开那个花盆，就能大吃一顿。

第二天一大清早，我就去看那些松毛虫。它们还排着环形的队，只是那支队伍并没有继续行进，也许是因为夜里太冷了，它们不得不停下来，蜷起身子睡着了。等空气渐渐暖和些，那些松毛虫便又行动起来，继续在那里转圈。结果，它们又转了一天。

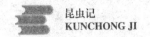

晚上仍然很冷，那些松毛虫沿着花盆边缘分成了两队，它们紧紧地依偎在一起，或许这样能暖和一些吧。按理说，队伍现在分开了，就应该有了两条领头的松毛虫，它们会带领这两支队伍离开这个圈子。可是，到了白天，这两支队伍在行进中又接上头了，那个封闭的圈子又恢复了原样。它们依然在那里转着圈。

接下来的夜晚更加寒冷了，这些松毛虫又挤成了一团。第二天醒来，我发现这支队伍有了变化。有不少松毛虫被挤出了丝带。这一小支部队的领头开始往花盆里面爬，其他的也跟随它。可当它们发现花盆里并没有想要的食物后，便又爬回盆沿，归入大部队。

一天又过去了，这之后又过了一天。第六天是很暖和的。我发现有几个勇敢的领袖，它们热得实在受不住了，于是用后脚站在花盆最外的边沿上，做着要向空中跳出去的姿势。最后，其中的一只决定冒一次险，它从花盆沿上溜下来，可是还没到一半，它的勇气便消失了，又回到花盆沿上，和同胞们共甘苦。这时盆沿上的松毛虫队已不再是一个完整的圆圈，而是在某处断开了。也正是因为有了一个唯一的领袖，才有了一条新的出路。到了第八天，它们终于沿着花盆的外壁爬了下来，重新找到了回家的路。

我最后粗略计算了一下，这些松毛虫大概一共走了84个小时，按照它们每小时爬行 9 厘米来计算，总行程达 453 米。这些小可怜虫在外面度过了这样一段饥寒交迫的日子。只有在夜晚寒冷的时候，它们才打破一点秩序，但白天醒来后，却又恢复原来的机械运动。不过幸运的是，它们最终还是回到了家，没有被活活饿死，单凭这一点，我们就不得不承认它们还是有点头脑的。

一月时，松毛虫会进行第二次蜕皮。这次蜕皮结束，它们背部中央的毛就会变成橙黄色，在那些橙黄色的毛中间还夹杂着一些白色的毛，看上去颜色更淡了。

同时，它们的背部还长了八条狭长的裂缝，而且这些裂缝可以自由开闭。每个裂缝里面都有一个小疙瘩，小疙瘩周围是一片非常灵敏的鼓泡。这些鼓泡很敏感，只要被稍稍一动，就会即刻缩回去，随之出现一个气孔。很快，这个气孔也会关闭。不过，过不了多久，裂缝又会打开，那个小疙瘩又出现了，若是再受刺激，它还会收缩回去，并闭合裂缝。若是刺激太强烈了，那个裂缝便不会再打开。

在松毛虫休息的时候，裂缝总是打开的，在行走时则是关闭的。这些裂缝和里面的小疙瘩是做什么的呢？是不是用来呼吸的呢？

我曾用尖状物轻轻碰触松毛虫打开的裂缝，里面的鼓泡立刻缩了回去，接着裂缝闭合了。我想办法刺激松毛虫使它发

痒，可仍没有让它再次打开裂缝。同样地，我把一滴水滴在裂缝里的那个小疙瘩上，鼓泡也会立即缩回，并关闭裂缝。据此可以初步判定，松毛虫裂缝里的局部鼓泡是其感觉器官，这个感觉器官与它的生活习性应该有着很大的关系。

寒冷的冬天和宁静的夜晚是松毛虫们最活跃的时候，不过若是遇上狂风大作，或者是冰冻天气，松毛虫便只好乖乖待在家里，那里应该是非常安逸温暖的，因为它们那丝织的大帐篷不会有雨水渗进去，也可以阻挡寒风。

松毛虫对于坏天气是非常惧怕的。哪怕一滴雨、一片雪都能让它们瑟瑟发抖。所以，能否提前得知天气状况，预料恶劣天气何时来临，这对松毛虫们来说是非常重要的。因为它们在夜里要结队到很远的地方寻食，如果遇到特别糟糕的天气，对它们来说无疑会是一场灾祸。而在冬季，这种恶劣天气往往喜欢搞突然袭击。不过，松毛虫们自有办法预知天气，以避免危险。

有几个护林人听说我的松树上养了许多松毛虫，都想来看看松毛虫是怎样列队夜游的。晚上九点多钟，我领他们来到我的园子。我们点上灯细细寻找，但在树枝上竟没有见到一条松毛虫。真是奇怪，前几天晚上还看到它们成群结队地出来吃针叶呢，怎么今天连个影子都见不到了呢？是集体出游了吗？还是遭到了灭顶之灾？我们等到十点、十一点，一直到半夜，它们都没有出现。我只得很扫兴地把那几个护林人送走了。

　　第二天早上，我发现外面正在下雪，而且山上还有积雪，昨晚肯定是风雪交加。我突然想，莫非那些松毛虫早就知道天气要发生变化，所以昨晚才没有从巢里出来吗？我越想便越觉得自己的这个想法很合理，于是决定仔细观察，来证实我的这个猜想。

　　此后，我每天把松毛虫们的行动情况，比如，它们何时外出，什么时候待在巢里，都详细地记录下来。并且把每天的天气状况，还有报纸上登的天气预报也都记下来。

　　通过一段时间的观察和记录，我发现松毛虫们的行动和天气变化有着十分密切的关系。每当报纸上预报低气压将来临时，那些松毛虫就会躲在巢里不出来。

　　有一天，报纸上预报有低气压将侵入我们这个地区，并且会有风暴和冰冻。这样的天气果然持续了五天，而在这几天里，那些松毛虫都没有离开过巢。等风暴刚要停止，那些松毛虫便很惬意地出来觅食了。

　　二月有几天，松毛虫们又突然隐居起来了，可是天空一点征兆都没有啊。难道又有某个强低压要抵达这里了吗？果然不出所料，两天以后，报纸上就登了强低气压逼近的消息，接着就下起了鹅毛大雪。等低气压结束，松毛虫们便又像往常一样出来自由活动了。

　　松毛虫们的巢把它们与狂风、暴雨、大雪等恶劣天气隔绝

开，使那糟糕透顶的天气丝毫不能影响到它们。每当气压降低的时候，竟没有一条松毛虫到外面来冒险。

　　松毛虫们能够预测天气的本事，渐渐被我们全家人承认，我们也越来越信任它们预报的准确性。我的松树林成了一个松毛虫气象台，那些松毛虫就成了我家的"气象预报员"。每当我们要出远门时，都要在头一天晚上去看望一下这些预报员，向它们打探明天的天气情况。若是它们无所顾忌地集体出来觅食，那我们明天就可以放心地出发；若是它们都隐居在巢里，一只也不肯出来，那我们就要放弃远行计划。所以，那些小虫子的举动也就决定了我们的行动。我觉得那些松毛虫身上肯定有一个很灵敏的器官，这个器官能很好地感受到大气的变化，从而让它们预知天气，以躲避严寒和风暴。这让我想起了它们身上那可以自由闭合的裂缝，以及裂缝里面的鼓泡。或许它们会经常取一些空气放在那裂缝里，然后经过一番检验，最后测出是否有低气压来临。不过这个推测还有待更加深入和彻底的研究。

昆虫的"装死"

我研究昆虫装死的情况时，第一个被我选中的是那个凶狠的剖腹杀手——大头黑步甲。让这种大头黑步甲动弹不了非常容易：我用手捏住它一会儿，再把它在手指间翻动几次就可以了。还有更加有效的办法：我捏住它，然后把手一松，让它跌落在桌子上，在不太高的高度下，让它摔这么几次，让它感到碰撞的震动，如果必要的话，就让它多摔几次，然后，让它背朝下，仰躺在桌子上。

大头黑步甲经这么一折腾，便一动不动，如死了一般。它的爪子蜷缩在肚腹上，两条触须软塌塌地交叉在一起，两个钳子都张开着。在它的旁边放上一只表，这样，实验的起始与结束时间就可以准确地记录下来。这之后，只有等待，而且还得静下心来，耐心地等待，因为它静止不动的时间是非常长的，

让人等得心烦，没有耐心是成功不了的。

大头黑步甲的静止状态保持得很长，有时竟然长达五十分钟，一般情况之下，也得有二十分钟左右。如果不让它受到外界的影响，比如，这种实验正好是在盛夏酷暑时进行，我就把它用玻璃罩扣住，避开大热天里的常客——苍蝇的骚扰，那么，它的静卧状态就是真正的完全的静止状态：无论是跗骨、触须，还是触角，全都毫不颤动，看上去，它就像是僵死在桌子上了似的。

最后，这只看似死了的大头黑步甲"复活"了。前爪跗节开始微微颤动，随即，所有的跗骨全都颤动起来，触须、触角也跟着在慢慢地摇来摆去。这就证明它是确实"复活"了。腿脚随后也跟着乱蹬乱踢起来。它的身体在腰带紧束住的地方稍稍弓起；接着重心落在头和背上；然后，它猛一用力，身子便翻转过来了。此刻，它便迈开小碎步，跑动起来，仿佛知道此处危险重重，必须逃离险区。假如我又把它抓住，它便又立刻装起死来。

我趁此机会又做了一次实验。刚刚复苏的大头黑步甲又一次静止不动了，依旧是背朝下地仰躺着。这一次，它装死的时间要比第一次来得长。当它再次苏醒时，我又进行了第三次同样的实验。随后，我又对它进行了第四次、第五次实验，一点喘息的机会都不留给它。它静卧的时间在逐渐地延长。根据我所记录下来的静卧时间，分别为 17 分钟、20 分钟、25 分钟、33 分钟、50 分钟。

我做了许多次类似的实验，虽然结果不完全相同，但基本上有着一个共同点：昆虫连续假死时，每一次的持续时间都不相同，长短不一。这个结果使我们得知，通常情况下，如果实验连续多次进行的话，大头黑步甲会让自己假死的时间一次比一次长。这是不是说明它一次比一次更适应这种假死状态呢？这是不是说明它变得越来越狡猾，企图让敌人最后终于丧失了耐心？对此我一时尚无法作出定论，因为我对它的探究还很不够。

要想探出它真的是在耍手腕，真的是在作假蒙人，蒙混过关，就必须采取一种非常聪明的试探方法，揭穿这个骗子的招数。

接受试验的大头黑步甲躺在桌子上。它能感觉得出自己身子下面压着的是一块坚硬的物体，想要向下挖掘，根本就不可能。挖掘一个地下隐蔽室，对于大头黑步甲来说简直是小菜一碟，因为它拥有快捷强劲的挖掘工具。然而，自己身下却是一块硬东西，毫无挖掘的可能，所以它无可奈何，只能忍气吞声地静静地躺在那儿，一动不动，必要的话，它甚至可以坚持一小时。如果躺在沙土地上的话，它立即就能感觉得到下面是松松散散的沙粒。在这种情况下，它还会傻乎乎地静静地躺

着，不想法尽快逃之夭夭？难道它连扭动腰身都不想？没有一点往沙土地里钻的意思？

我真的希望它会有所转变，产生逃跑的念头。但是，最后，我知道自己的想法错了。无论我把它放在木头上、玻璃上、沙土上，还是松软的泥土地上，它都不改变自己的战略战术。在一片对它来说挖掘起来极其容易的地面上，它照样静卧不动，同在坚硬物体上躺着时一模一样。

大头黑步甲对不同材质物体表面采取了同样态度，并不厚此薄彼，坚持一视同仁，这一点对我们的疑惑不解稍微地敞开了一点门缝。接下来所发生的事情令这扇门大大地敞开了。接受试验的大头黑步甲躺在我的桌子上，离我很近，可以说是就在我的眼皮子底下。我发现它的触角在半遮挡着它的视觉，但它的那两只贼亮的眼睛看见了我，它在盯着我，在观察我。面对着我这么个庞然大物，这个昆虫的视觉会有什么样的感应呢？

我们就认为这个正盯着我的昆虫把我看作是欲加害于它的敌人吧。这样的话，只要我待在它的面前，这个生性多疑的昆虫就会一动不动地躺着。如果它突然又恢复活动了，那它肯定是认为已经把我耗得差不多了，让我已经完全失去了耐心，那么我还是先躲到一边去。既然它面前的这个庞然大物离开了，它也就用不着再装死，再要这种花招也没什么意义了，所以，它就会立刻翻转身子，急急忙忙地溜之大吉。

我走出 10 步开外，到了大房间的另一头，隐蔽好，不发出任何动静。但是，我的这番谨慎小心的心思全都白费了，那只昆虫仍旧待在原地，没有一点动静，就这么静静待了好长好长的时间，跟我在它的近旁待的时间一样长。

它真够狡猾的，想必它是发觉我仍旧待在这间房间里了，只是待在房间的另一头罢了。这也许是嗅觉在告诉它我并没有离去。一计不成，我就另生一计。我把它用钟形罩扣住，不让讨厌的苍蝇去骚扰它，然后，我便走出房间，到花园里去了。房间的门窗全都紧闭着，屋外的声音传不进去，屋内也没有什么会惊扰它的，总之，一切会令它感到惊恐的东西，全都远离了它。在这么安静而不受骚扰的环境中，它会有什么反应呢？

实验的结果是，假死的时间与平时情况之下完全一样，既未增加也未减少。二十分钟过去了，我进屋查看了一下，四十分钟过去的时候，我又进屋里查看了一番，但是，情况没有发生任何变化，它仍旧仰面朝天，一动不动地原地躺着。

这之后，我又用几只虫子做了相同的实验，其结果都很明确地证明，它们在装死的过程中并没有任何令它们感到危险的东西存在，在它们的周围，既没有声音，又没有人或其他昆虫。在这种情况下，它们仍然一动不动，那想必并不是在欺骗自己的敌人。这一点得到肯定之后，我便推测其中必然另有原因。

那它究竟为何采取这种特殊伎俩来保护自己呢？一个弱

者、一个得不到保护的不惹是生非的人，在必要时为了生存而采取一些诡计，这是可以理解的；但它可是一个浑身甲胄、崇尚武力的家伙，为什么要采取这种弱者的手段？对此我感到很难理解。在它所出没的势力范围内，它是打遍天下无敌手的。强悍的圣甲虫和蛇金龟，都是生性温厚的昆虫，它们非但不会去骚扰它、欺侮它；相反，倒是它食品储藏室里源源不断的猎物。

我又开始怀疑，是不是鸟儿对它构成了威胁？可是，它同步甲虫的体质相同，身体里浸透着一股刺鼻恶心的气味，鸟类闻了是绝不敢把它吞到肚子里去的。再说，它白天都躲藏在洞穴里，根本就不到洞外来，谁也见不到它，谁也不会打它的歪主意。而到了天黑之后，它才爬出洞外，可夜里鸟已归林，河边已无鸟儿的踪影了，它也就根本不存在被鸟类一口啄到之虑。

这么一个对蛇金龟，有时也对圣甲虫进行残杀的刽子手，这么一个并没有谁敢碰它的可恶而凶残的家伙，它怎么就一遇风吹草动便立刻装死呢？我百思不得其解。

我在这同一片河边地带，发现了同时在此居住的抛光金龟，也叫光滑黑步甲的昆虫，它给了我启示。前面所说的大头黑步甲是个巨人，相比之下，现在所提到的同是这片河边的主人的抛光金龟就是个侏儒了。它们体形相同，同样是乌黑贼亮，同样是身披甲胄，同样是以打家劫舍为生。但是，相比之下算是侏儒的抛光金龟，虽然远不如其巨人同类个大力强，但它却并不懂得装死这个诡计。无论怎么折腾它，把它背朝下放在桌子上，它会立即翻转过来，拔腿就跑。我每次试验它，也只能看到它背朝下静止不动几秒钟而已。只有一次，我实在是把它折腾得够呛，它总算是假装死去地待了一刻钟。

这侏儒与巨人的情况怎么这么不同呀？巨人只要一被弄得仰面朝天，就静止不动了，非要装死一个钟头之后才翻身逃走。强大的巨人采取的是懦夫的做法，而弱小的侏儒则是采取立即逃跑的做法，二者反差这么大，其原因究竟在哪里呢？

于是，我便试试危险情况会对它产生什么样的影响。当大头黑步甲背朝下腹朝上一动不动地静躺着的时候，我在想，让什么敌人出现在它的面前好呢？可我又想不出它的天敌是什么，只好找一种让它感到是个来犯者的昆虫。于是，我便想到嗡嗡叫的苍蝇。

大热天里做实验，苍蝇嗡嗡地飞来飞去，真的是让人心里很烦。如果我不给大头黑步甲罩上钟形罩，我也不在它的身边守着，那么讨厌的苍蝇肯定会飞落在我的实验对象的身上，这样，苍蝇就会帮上忙了，可以替我探听一下装死的大头黑步甲的虚实了。

当苍蝇落在大头黑步甲身上，刚刚用自己的细爪挠了挠装死的它几下，它的跗节便有了微微颤动的反应，仿佛因直流电

疗的轻微振荡而颤抖一样。如果这个不速之客只是路过，稍作停留，随即离去的话，那么这细微的颤动反应很快便会消失；如果这位不速之客赖着不走，特别是又在浸着唾液和溢流食物汁的嘴边活动的话，那么受到惊扰的大头黑步甲就会立即蹬腿踢脚，翻转身子，逃之夭夭。

　　它也许是觉得，在这么个不起眼的对手面前要花招实在没有必要，有伤自尊。它重又翻转身子离去，是因为它明白眼前的这个骚扰者对自己并不构成什么威胁。看来，我们得另请高明，让一个力量强大、身材魁梧、让人望而生畏的讨厌的昆虫来试探一下大头黑步甲了。正好，我喂养着一只天牛，爪子和大颚都十分厉害。天牛这种带角的昆虫，我知道它性情平和，但大头黑步甲并不了解这个情况，因为在它所出没的河边地带，从来就没有出现过天牛这种大个儿昆虫。说实在的，看上去，这长角的天牛真会让自己的蛮横令虫类望而生畏，退避三舍。对陌生者本来就存有的一种恐惧感，一定会让情况复杂起来的。

　　我用一根稻草秆儿把天牛引到大头黑步甲旁边。天牛刚把爪子放到静静地仰卧着的那个家伙的身上，它的跗节便立即颤动起来。如果天牛非但不把爪子挪开，而且还总在它的身上摸来挠去，甚至转而变成一种侵犯的姿态，那么如死一般躺着的大头黑步甲便一下子翻转身子，仓皇溜走。这情景，与双翅目昆虫骚扰它时一模一样。危险就在眼前，再加上对陌生者所怀有的恐惧感，它当然会立即抛弃装死的骗术，逃命要紧。

我又做了一种实验，结果也颇让我感到欣慰。大头黑步甲仰躺在桌子上装死，我便用一件硬器物轻轻敲击桌腿，让桌子产生微微的颤动。但不能猛敲，免得桌子发生摇晃。我注意掌握力量的大小，让桌面产生的颤动仿佛是一种弹性物体所产生的颤动一样。用力过大，会惊动大头黑步甲的，它就不会保持其僵死状态了。我每轻敲一下，它的跗节便蜷缩着颤动一会儿。

最后，我们再来看看光线对它所产生的影响。到目前为止，我的实验对象都是待在我书房那弱光环境中接受实验的，并未接触到直射进来的太阳光。此刻，书房的窗台已经洒满阳光。我要是把实验对象移到阳光充足的窗台上去，让这个静卧着一动不动的昆虫接触一下强光，它会有何反应呢？我刚往窗台这么一移，效果立即产生：大头黑步甲腾地翻转身子，拼命奔逃。

现在，真相大白了。吃尽苦头、被折腾得够呛的大头黑步甲，已经把自己的秘密吐露出来了。当苍蝇戏弄它，舔它沾有黏液的嘴唇，把它当作一具尸体，想吸尽所有可口的汁液的时候；当它眼前出现了那个让它望而生畏的天牛，爪子已经伸到它的腹部，像是要占有一个猎物的时候；当桌子发生轻微的震颤，它以为是大地传来的震颤，断定有敌人在自己的洞穴附近挖掘，将要来袭的时候；当强烈的阳光照射到它的身上，对自己的敌人十分有利，而对喜欢昏黑的它不利，以为自己的安全受到威胁的时候，它就会立即做出反应，抛弃装死的骗术，立即逃命。但是，当一种灾祸对它构成威胁的时候，它通常总是采取它那装死的惯技，以骗过敌人。所以说，装死是它的看家本领。

在我以上所提及的那种危在旦夕的时刻，我的实验对象是在战栗，而不是继续再装死。在这类危险之下，它已经是方寸大乱了，慌不择路地拼命逃遁。它那一贯的伎俩已经不见踪影，确切地说，它根本就无计可施了。所以说，它的静止不动，并不是装出来的，而是它的一种真实状态，是它的复杂的神经紧张反应造成它一时间陷于动弹不得的状态之中。随便一种情况都会让它极度地紧张起来，随便一种情况都可以让它解除这种僵直状态，特别是受到阳光的照射。阳光是促发活力的无与伦比的强烈刺激。

我觉得，在受到震动后长时间保持静止状态，可以与大头黑步甲相提并论的是吉丁中的一种，即烟黑吉丁。这种昆虫个头不小，浑身黑亮，胸甲上有白粉，喜欢在刺李树、杏树和山楂树上待着。在某些情况下，你有可能发现它把爪子紧紧地收拢起来，触角耷拉着，仿佛僵死了一般，而且可以保持一个多小时这种状态。而在其他情况下，它总是一遇危险便迅速逃走；

从表面上看，是气候因素在起作用，但我却没明白气候到底暗暗地发生了什么变化。在这种情况下，一般来说，我只发现它僵直状态只是保持一两分钟而已。

烟黑吉丁在光线暗淡的地方一动不动，可我把它一移到充满阳光的窗台上，它立刻就恢复了活力。在强烈的阳光下只待几秒钟，它便把自己的一对鞘翅裂开，作为杠杆，骨碌一下，就爬了起来，立刻就想飞走。好在我眼疾手快，一把便摁住了它，没让它逃掉。这是一见到强光就惊喜，晒着太阳就狂热的昆虫，一到午后炎热的时候，它便趴在刺李树上晒太阳，如痴如醉，快活极了。

看见它如此喜欢酷热，我立刻便产生一种想法：如果在它装死的时候，立刻给它降温，那它又会做出何种反应呢？我猜想它会延长其静止状态。但这种方法使不得，因为一旦降温，有越冬能力的昆虫可能会被冻得麻木，随即会进入冬眠状态。

我现在需要的不是烟黑吉丁的冬眠，而是要它保持充沛的活力。所以，我要让它处于徐缓的、有节制的降温状态，要让它像在相似的气候条件下一样，依然具备它平时那样的生命行为方式。于是，我动用了一种很合适的保冷材料——井水。我家的那口水井，夏季里，水温要比外面气温低12℃，清凉清凉的。

我用惊扰的方法，把一只烟黑吉丁折腾得处于僵缩状态，然后，让它背朝下躺在一只小的大口瓶底上，再用盖子把瓶口

盖紧盖严，放进一个装满冷水的小木桶里。为了使桶里的水保持其低温，我不断地往桶里加井水。在加入新的井水时，我小心翼翼地先把原来桶内的井水一点一点地去掉。动作必须轻而又轻，否则就会惊动瓶子里的昆虫。

结果十分理想，我并没白费心思。那只烟黑吉丁在水中的瓶子里待了五个小时都没有动弹一下。五个小时可不算短，而且，如果我再这么实验下去，它可能还会坚持很长时间的。但是，五个小时已经很不错了，很能说明问题了，绝不要以为它这是在耍花招。毫无疑问，它此时此刻并不是在故意装死，而是进入了一种昏昏沉沉的麻木状态，因为我一开始把它折腾得只好以装死来对付，后来嘛，降温的方法又给它造成一种超乎寻常的延长休眠状态的条件。

我对大头黑步甲也采取了这种井水降温法，但它的表现却不如烟黑吉丁，在低温下保持休眠状态的时间没有超过五十分钟。五十分钟不算稀奇，以往没有用降温法时，我也发现大头黑步甲静卧过这么长时间的。

现在，我可以下结论说，吉丁类昆虫喜欢灼热的阳光，而大头黑步甲是夜游者，是地下居民。因此，在进行"冷水处理"时，吉丁与大头黑步甲的感受就不尽相同。温度降低之后，怕冷的昆虫会惊魂不定，而习惯于地下阴凉环境的昆虫则不以为意。

　　我继续沿着降温的这一思路进行了一些实验，但并未发现什么新的情况。我所看到的是，不同的昆虫在低温下保持休眠状态的时间之长短，取决于它们是追求阳光者还是喜欢阴暗者。现在，我再换一种方法来试试看。

　　我往大口瓶里滴上几滴乙醚，让它挥发，然后，把同一天捉到的一只粪金龟和一只烟黑吉丁放进瓶里。不多一会儿，这两只试验品便不动弹了，它们被乙醚给麻醉了，进入休眠状态。我赶紧把它们取出来，背朝下地放在正常的空气中。

　　它俩的姿态与受到撞击和惊扰后的姿态一模一样。烟黑吉丁的六只足爪很规则地收缩在胸前；粪金龟的足爪则是摊开来的，不规则地叉开着。它们是死是活，一时还说不清楚。

　　其实，它们并没有死。两分钟后，粪金龟的跗节便开始抖动，口须在震颤，触角在缓缓地晃动。接着，前爪活动起来。又过了将近一刻钟，其他爪子也都胡乱摇动开来。因碰撞震动而采取静止状态的昆虫，很快就会动弹起来。

　　但烟黑吉丁却如死一般地躺着，好长时间也不见它动弹，一开始，我真的以为它死了。半夜里，它恢复了常态，我是第二天才看到它已经像平时一样在活动了。我在乙醚尚未充分发挥效力之前便及时停止了这种实验，所以没有给烟黑吉丁造成致命的伤害。不过，乙醚在它身上所起的作用要比在粪金龟身上所起的作用严重得多。由此可见，对碰撞震动和降低温度比

较敏感的昆虫，同样对乙醚所产生的作用也很敏感。

敏感程度的这种微妙的差异，说明了为什么我用同样的撞击和手捏方法使两种昆虫处于静止不动状态之后，它们的表现会有这么大的区别。烟黑吉丁静卧姿态保持近一个小时，而粪金龟则只待了两分钟就在摇晃自己的足爪了。直到今天为止，我也只是在少有的情况之下，才见到粪金龟能坚持两分钟的静卧姿态。

烟黑吉丁体形大，且有坚硬的外壳保护身体，它的外壳硬得连大头针和缝衣针都扎不透。既然如此，为什么它那么爱装死，而无坚硬外壳保护的小粪金龟却无须装死来保护自身呢？这种情况，在不少昆虫身上也都是存在的。各种昆虫当中，有些会长时间地一动不动，有的却坚持不了一会儿；仅依照接受实验的昆虫的外形、习性来预先判断其实验结果，是完全不可能的。譬如，烟黑吉丁一动不动的时间保持得很长，那么，就可以断定与它同属的昆虫，因其类别相同，就一定同烟黑吉丁的表现是一样的了？我碰巧捉到了闪光吉丁和九星吉丁。我在对闪光吉丁做实验时，它硬是不听我的指挥。我把它背朝下地按住，它就拼命地抓我的手，抓住我捏着它的手指，只要让它的背一着地，它就立即翻过身来。而九星吉丁却不用费劲儿就能让它静卧不动了，只是它装死的时间也太短了，顶多也就四五分钟而已！

我在附近山间碎石下经常可以发现一种墨纹甲虫，身子很短小，且有一股怪味。它能持续一个多小时一动不动，可以与大头黑步甲相提并论了。不过，必须指出，在大多数情况下，它只坚持几分钟的僵死状态，然后便立即恢复常态。昆虫能长时间地坚持一动不动，是不是它们喜欢暗黑的习性造成的？完全不是，我们看一看与墨纹甲虫同属一类的双星蛇纹甲虫就十分清楚了。双星蛇纹甲虫后背滚圆滚圆的，仰身翻倒后，立即便翻过身来。还有一种拟步行虫，脊背扁平，身体肥实，鞘翅因无中缝而无法帮它翻身，因此，静止不动，装死一两分钟之后，便在原地仰卧着拼命踢蹬、挣扎。

鞘翅目昆虫因腿短，迈不了大步，逃命时速度不快，因此，它应该比其他昆虫更加需要以装死来欺骗敌人，但实际上并非如此。我逐一地观察研究了叶甲虫、高背甲虫、食尸虫、克雷昂甲虫、碗背甲虫、金匠花金龟、重步甲、瓢虫等一系列昆虫，它们全都是静止几分钟，甚至几秒钟，便立即恢复了活力。还有不少种类的昆虫，根本就不采取装死这一招。总之，没有任何昆虫指南可以让我们事先就能断定，哪种昆虫喜欢装死，哪种昆虫不太愿意装死，哪种昆虫干脆就拒绝装死。如果不经过实验就先下断言，那纯粹是一种主观臆测。

昆虫的"自杀"

　　人们不会去模仿自己根本就不认识的人，也不会假扮成自己所不了解的人，这一点是显而易见的。所以说，要想装死，就必须对死亡多少有点了解。

　　昆虫，或者更确切地说，动物，它们对有限的生命会有预感吗？它们会在自己那极其简单的脑子里思考生命终止这一可怕的问题吗？这种对生命的最后时刻所感到的惊恐不安，既是人所感到的最大痛苦，也是人之所以伟大的一个证明。命运卑微的动物就不存在这种不安。它们与意识模糊的小孩子一样，只享受现在，不考虑未来。它们摆脱了"人生苦短"的忧虑，生活在一种蒙昧无知的甜美的宁静之中。

　　少年时期，中学时代，我也是个淘气包。我常常与几个同学放学之后在回家的路上，到河边去摸那种很小的花鳅。鱼儿被我们抓到之后，拼命地挣扎，没有装死的样子。我们也常去抓鸟，鸟被抓到之后，吓得浑身哆嗦，但也没见它装死。可有一次，看到火鸡，我便突发奇想，我要折腾折腾火鸡。圣诞将至，它将成为大家节日的盘中餐了，我便把家中的一只火鸡的脑袋别在它的翅膀下面，一边用手摁住它，不让它动弹，一边从上往下慢慢地摇晃它两三分钟。奇怪的结果出现了，我的实验对象变成了一堆没有生气的东西，它侧着身子倒在地上，任由我摆弄它。如果它那时而膨胀起来、时而瘪下去的羽毛没有显露出它仍然在呼吸的话，我还真的以为它已经死了。它确实像只死鸟。它把自己那变得凉冰冰、足趾蜷缩起来的爪子缩到肚腹下面，让人看着十分可怜。圣诞节、平安夜尚有几天才到，它就这么死了，那可就太早了点。但是，我白担心了。它醒了，站立起来，只是身子有点摇晃，站立不稳，而且尾巴耷拉着，没精打采的样子。但这种状况并未持续多久，不一会儿，它又恢复了常态，欢蹦乱跳起来。

这种迷迷糊糊、昏昏沉沉、麻木迟钝的状态介于熟睡与死亡之间，持续的时间有长有短。我又多次用火鸡做过实验，每一次都出现这种适当间隔的静止状态，有时持续半个小时，有时则只持续几分钟。同昆虫一样，想要弄清楚原因，并非易事。后来，我又用珠鸡做了相同的实验，做得非常成功。它那昏昏沉沉、迷迷糊糊、麻木迟钝的状态持续了很长时间，以致我当时都有点忐忑不安了。它的羽毛不像火鸡那样，没有起伏，无一点生命的迹象，我真的以为它已经给憋死了。我用脚轻轻地把它挪动了一下，但它却一点反应也没有。我又把它挪动了一下，只见它把脑袋从翅膀底下扭出来，站立住，平衡了一下身体，立刻便飞跳着逃走了。它那麻木状态维持了半个钟头。

我后来又对母鸡、鸭子、鸽子、雏鸟、翠鸟进行了实验。母鸡、鸭子、鸽子麻木状态保持得较短，只有两分钟左右，而雏鸟和翠鸟则更加顽固，半睡半醒状态只有几秒钟。

我们还是关注昆虫吧。昆虫从静止不动状态恢复到活动状态，呈现出十分值得注意的特点。我们曾用乙醚对实验对象进行过实验，它们确实是被麻醉了，一动不动。它们并不是在耍花招，这一点是毫无疑问的。它们真的是处于死亡的边缘。如果我不及时把它们从散发着乙醚气味的大口瓶里弄出来，那它们永远不会从麻木状态中苏醒过来，最后，必死无疑。

它们身上究竟是什么在预示它们生命恢复了呢？那就是：它们脚上的跗节在微微颤动，触须在微微颤抖，触角在摇晃摆动。这就像人一样，从酣睡中醒转来时，伸伸胳膊腿儿，打打哈欠揉揉眼睛。昆虫也是先摇动自己的那些细小的趾肢节和最具活动力的器官，以示其知觉的恢复。

如果昆虫真的是在耍花招施诡计的话，它又有什么必要去做这些细致的苏醒准备动作呢？危险一旦消除，或者被认为已经消除，它为什么不迅速站立起来，尽快逃脱，何必慢慢腾腾地做那些很不合适的假动作呢？它难道会狡猾到在最小的细节上也要假装"复活"不成？绝对不是这么回事。这种看法是毫无道理的。脚上跗节的颤动，触须和触角的晃动，都明显地说明存在着一种真正的、即将消失的昏沉迷糊的状态，这种状态与乙醚麻醉所造成的后果相似，只是程度较轻而已。脚上跗节的颤动表明，被我折腾得动弹不了的实验对象，并不是民间传说或流行的理论所坚持的那样，说昆虫是在装死。它确确实实是被施行了催眠术。

经敲击物体引起的震动的影响，或者突然间遭受惊吓，昆虫便陷入一种迷迷糊糊、昏昏沉沉的麻木状态。这种状态就像鸟儿把头埋在翅膀下面，原地晃晃悠悠地站立一会儿一样。对于我们人来说，突然看见恐怖的事情会被惊呆，茫然不知所措，有时甚至因此而丧命。作为高等动物的人尚且如此，那么，反应极其敏锐的昆虫，其生理机能在遇到可怕事物的震慑惊吓时，叫它怎能承受得住，怎能不暂时就范呢？如果惊恐程度不太严重，昆虫在片刻的痉挛之后，很快就会恢复常态，惊恐症状也就随之得以缓解；如果惊恐程度很严重，它就会突然进入催眠状态，好长时间僵直不动。

昆虫根本就不知道死亡是怎么回事，它又怎么会装死呢？当然是不可能的。昆虫同样也不知道自杀是怎么回事，根本不

知道自杀是用来立刻终止极其痛苦的状况的一种手段。据我所知，我还没见到过有什么动物自动剥夺自己生命的名副其实的自杀实例。感情色彩较浓的昆虫，有时会任凭苦恼去折磨自己，直至神形憔悴，这件事情倒是有的；但是，用匕首刺死自己，用小刀割断自己的喉咙等这种事，却从未见到过。

　　说到这儿，我倒是想起蝎子自杀的事来。对于蝎子是否会自杀，众说纷纭，有人认为确有其事，有人则持否定态度。有人说，蝎子被一圈火围住之后，用带毒的蜇针扎自己，直到自杀成功为止。这个故事究竟有多少真实的成分？我们亲自来做个实验看看。我所住的环境为我提供了便利的条件。我在几只大泥瓦罐里铺上一层沙土，再放上几片碎瓦片，养着一群怪模怪样的昆虫。我一直在企盼着它们向我提供一些有关昆虫习性方面的事实，但它们却不肯满足我的愿望。我养的是南方的那种大白蝎，一共有 12 对。附近小山上阳光充足的沙质土地带，有许多扁平的石条；每块石条下面都居住着一只蝎子，孤零零的，但这个可憎可恶的丑陋家伙却无处不在，多得不得了。这种大白蝎子恶名在外。

　　它的毒针到底有多厉害，我未亲身经历，所以也说不清楚。可是，我书房里就关着这群可怕的囚徒，总得与它们接触。需要去查看它们时必然会有危险，所以我加倍地小心，注意避开它们的锋芒。既然我自己没有亲自尝到过它们的厉害，我便只好向别人求教。我让曾经被蝎子蜇过的人谈谈他们被蜇的体验。这些人主要是打柴的樵夫，他们长年在山上砍柴，难免会一不注意就被蝎子蜇上一下的。其中有一位曾经告诉我说："我吃完午饭，靠在柴捆上打了个盹儿。突然间，一阵钻心剧痛把我给疼醒了。那滋味就好像是被烧红了的钢针给扎了一下似的。我赶紧伸手去摸，一把摁住了一个乱爬乱动的家伙。是只蝎子！它钻进我的裤腿里了，在我小腿肚子下边一点儿蜇了我一下。这只丑陋不堪的小怪物，足有人手指头那么长。喏，这么长，先生，这么长。"

这位老实忠厚的樵夫边说边比画着，还把自己那根长长的食指伸出来。手指长的蝎子我并不觉得有什么可惊奇的，因为我在野外捕捉昆虫时，时不时地也要碰到蝎子，比手指长的有的是。

"我还想继续干活儿，"那位忠厚的樵夫继续对我说道，"可我浑身直冒冷汗，眼瞅着那条腿渐渐肿胀起来，肿得有这么粗，先生，这么粗。"

他比画着肿胀的腿。然后，又张开双手，空掐在小腿周围，比画成有一只小水桶那么粗的圈圈来。

"真的，有这么粗，先生，这么粗。我一步三挪，使出吃奶的劲儿，忍着剧痛，才回到家里，其实也只有四分之一里那么点儿路而已。小腿越肿越厉害，还在往上肿去。第二天，已经肿到这么老高的地方了。"

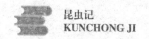

他用手指了指，告诉我已经肿到小腿窝儿那儿了。

"真的，先生，整整三天，我下不了床，站不起来。我咬着牙关，拼命忍着，把肿腿跷到一把椅子上。敷了好几次碱末，总算把肿给消了下去，喏，才恢复到现在这个样子。先生，您看。"

说完自己被蜇的经历之后，他也跟我讲述了另一个樵夫的故事。那人也被蝎子蜇了小腿下部。那个樵夫走出老远去砍柴，被蜇了之后，没有力气走回家去，走走便倒在了路边。后来，被几个过路人发现了，抱头的抱头，抱腰的抱腰，抱腿的抱腿，总算把他给送到了家里。"他们就像在抬死尸一样，先生。真的，就像抬死尸一样！"

这位讲述者带着乡下人的风格在叙述着，说话时比画个没完，但我却并不觉得他夸张。人要是被蝎子蜇了，那疼痛确实是难以描述的。而蝎子要是被自己的同类蜇一下，那它很快就支持不住了。对此，我有很大的发言权，因为我亲自做过多次观察研究。我从我的"动物园"里取出两只强壮的大蝎子，把它俩同时放进一个大口瓶的沙土底上。然后，我拿起一根稻草梗儿去撩拨它们，激怒它们，并让它们往后倒退，最后，相互遭遇上。这两个受到骚扰的大家伙，本来就怒火中烧，仇人相见，分外眼红。这怒火是我给挑起来的，但看上去，它俩都把这挑衅的罪责算到了对方头上。双方都把自己的防御武器——钳子举起，呈月牙儿形；钳口大张，顶着对方，不让对方靠近自己；两条蝎子尾巴你一下我一下地突然伸出，从背部上方向前刺去；毒囊不断地顶撞在一起，一小滴如清水般的毒汁挂在蜇针的硬尖上。

格斗进行的时间并不长，其中一个被另一个毒针刺中，只见它没过两三分钟便站立不住，摇摇晃晃，倒在了地上。得胜者毫不客气，走上前去，平静如常地开始撕咬战败者的头胸前端，也就是撕咬我们想找到蝎子头却看到的只是个肚腹前口的地方。它一口一口慢慢地在撕咬，时间拖得很长。一连四五天，在吃同类尸体的战胜者一直没有停止过啃噬自己的同类。它要把战败者吃掉，其理由有一点是可以予以谅解的：这个行为对战胜者来说是正大光明的。

我从观察中掌握了真实的情况：蝎子的毒螯针能够使自己的同类即刻毙命。现在，我想谈一谈蝎子的自杀问题，也就是有人说过的那种自杀法。如果按人们所说，蝎子被一圈火炭围住，它便会用螯针蜇自己，最后，以自愿死亡来结束这失常的状态。如果真的是这样的话，那么对这种野性十足的昆虫来说，应该是一件很理想的事。现在，还是让我们来看一看吧。

我用烧红的木炭围成一个圆圈，把我养着的那只个头最大的蝎子置于圈中。风助火势，木炭越烧越旺。热浪滚滚，向圈中的蝎子袭去，灼热难耐，只见它一个劲地倒退着在火圈内打转。稍不注意，身体便被火苗灼了一下，它便左一闪右一躲，突然加快倒退，不顾方位地瞎冲瞎奔，免不了身体又不时地遭到火灼。它每次想逃出重围，都被狠狠地烧了一下。它变得狂躁不安。往前冲，被烧一下，往后退，又挨火灼一下，它进也不是退也不是，既绝望又愤怒。只见它怒气冲冲地挥舞着自己的长枪，再反卷成钩子，然后伸直，平放于地，接着便把长枪举起。它的动作迅疾而又章法不乱，简直让我眼花缭乱，惊叹不已。

现在，它该给自己一枪了，以便摆脱这进退维谷的境地。谁知道，它竟突然一阵抽搐，然后便一动不动了，身体直直地平躺在地上。等了一会儿，仍不见它有所动作，像是完全僵直了。它真的死了？也许在它那让人眼花缭乱的狂舞中，有一剑刺中了自己，而我却没有看到。如果它真的是用自己的短剑刺中自己的身体，以自杀术得以解脱，那它肯定是死了。

但是，我心中总是存有疑惑。于是，我便用镊子把看上去已经死了的蝎子夹起来，放在一层清凉的沙子上面。一小时之后，这个看上去已无生命迹象的蝎子却突然复活了，与放进火圈中间之前一样的活泛，虎虎有生气。我又用第二只、第三只蝎子做了同样的实验。结果同第一只蝎子的情况完全一样：因绝望而发狂，突然间一动不动，像遭雷击似的瘫软地平躺在地上；放到清凉的沙子上时，又都突然地生机勃发了。

由此可以断定，说蝎子会自杀的人，一定是被它那突然失去生命力的假象给蒙骗了；他们看见蝎子身陷火墙的高温之中，于绝望之中变得疯狂至极，浑身抽搐，猝然倒地，便以为它经过垂死挣扎，终于自杀身亡了。他们过早地得出一个错误的结论，以致让蝎子在火墙中活活地烤焦了。如果他们不是那么轻信表面现象，早点把蝎子从火墙内取出，置于清凉的沙子上，那他们大概早就会发现，表面上看似死去了的蝎子会恢复生命活力，就会得出结论说，蝎子根本就不知道什么叫自杀。

可以说，除了高级动物——人而外，任何具有生命的生物都不具有自愿结束生命的这种视死如归的精神力量。我们人，自以为具有很大的勇气和魄力从生活的苦难中自行解脱，把这种解脱视之为人的崇高特质，视之为一种可以进入沉思境界的优势，好像这是人优于其他动物的一种标志。然而，我们一旦真的把这种精神付诸行动，实际上则是一种懦弱的表现。

谁若是想走上自杀这条道的话，最好想一想中国的一位伟大的哲人——孔子——在 2500 年前所说的话。这位中国哲人有一天在树林中遇到一个陌生男子，见他正往树杈上扔绳子做套，准备上吊，他便赶紧向那陌生人说了几句话。伟大的哲人说："哀莫大于心死。哀皆可补，唯心死不能。勿以万事于子皆无可救。试以历多世而无争之理自服。此理为：活则无绝望之事。人能自至哀达至乐，自至难达至福。子其鼓勇若自今日起和生之所值。子其善用寸阴。"

这种中国式的哲思深入浅出，浅显易懂，但其寓意却十分深邃。它让人想起一位寓言作家的另一种哲学。寓言家写道：

若我被人致伤致残，缺腿断臂，患痛风，只要我仍活着，我便心满意足矣。

的确，中国的伟大哲人和这位寓言家说的都很有道理。生命是一种严肃的东西，不能因遇到点艰难困苦就心烦意乱，轻易地就把生命抛弃。我们不应把生命视为一种享乐、一种磨难，而是应该把它视为一种义务，一种只要一息尚存都必须全力以赴地去尽的义务。

让生命的最后一刻提前到来者，就是懦夫，就是蠢货。我们有权凭着自己的意愿决定坠入死亡深渊的方式，但这并不意味着我们有权轻生遁世。相反，这种自由意志的权力恰恰向我们提供了动物所毫无所知的向前看的本领。

只有我们才知晓生命的欢乐会怎样结束；只有我们才能预见自己末日的到来；只有我们才对死者表示缅怀，怀有崇敬之情。凡此种种，都是一些重大的事情，这是其他动物所想不到的。当伪劣的科学在高谈阔论，在拼命让我们相信一只可怜的昆虫会耍花招装死的时候，我们要求这种科学应更贴近事物去进行观察研究，切莫把昆虫因恐惧而引发的昏厥状态，误以为它能装出自己根本并不知晓的状态。

只有人才能够清醒地认识到一种结局，只有人才具有想象到人世彼岸的卓越本能。地位卑微的昆虫们也在发表着自己的意见："你们应有信心。本能是从来不会违背自己的诺言的。"